THE MASTER KEY SYSTEM

Charles F. Haanel

影响人生的24堂课

〔美〕查尔斯·F. 哈奈尔 著

马晓佳 乌尔沁 译

北京理工大学出版社

BEIJING INSTITUTE OF TECHNOLOGY PRESS

目　录

序 言

自然力驱赶着人们走过生命的旅程，无论我们多么想驻足片刻，都无法停止自己前进的脚步。每一个善于思考的人，都不会满足于他的一生像一株会说话、会走路的植物那样草草度过，而是勇于进取，追求进步，毕其一生之力，持之以恒地为精神的不断完善而努力。

精神方面的这种发展，只有当个人的思想和理想的质量提高到某一程度时才能实现，而且，当一个人站到一个足够高的平台上时，他可以更有力地通过自己的实践行动左右自己所处的环境。所以，研究思想的创造力及其创造过程，以及如何充分应用思想的创造力，成为所有人都得面对的一项至关重要的任务。研究所得的成果将成为加速和提升所有人类生命进化的工具。

人类热切地通过各种渠道寻求“真理”。在人类的寻求过程中，有一种特殊的知识产生了，这门特殊的知识将是一把囊括神学、各种哲学以至终极崇高真理的“万能钥匙”，它把所有琐细和崇高的思想都兼容并包，荟萃一堂。

本书将向读者呈现出这把所谓的“万能钥匙”，对所有的读者来说，这把钥匙可以打开伟大的宇宙智慧之门，并帮助读者从宇宙智慧中汲取实现个人雄心壮志的必需之资。

我们寻常所见的人类创造的万事万物，在其初始阶段都不过是人类的某种智慧，也就是说，思想是有建设性的。人类的思想是宇宙的精神力量在其受造物——人类——中运行的结果。本书所述的“万能钥匙”，即是希望能够指导读者有建设性、有创造性地运用宇宙的精神力量。欲有所得，必先有所求；如果想拥有渴求的事物和环境，我们必须首先在思想中把它创造出来。“万能钥匙”将阐释这个过程，并对你加以指导……

“万能钥匙”教程的内容，均以24堂函授课程的形式传授，每周一课，一共24周。现在，我们可以一次接受这24堂课。希望读者千万不要把本书当作小说来读，建议您把阅读它的过程当成学习的过程，认真仔细地吸收每一部分的意义，每周只读一课，在阅读下一课之前，再仔细地复习前一课的内容。否则，你不仅会误解后面的内容，还相当于浪费了自己的时间和金钱。

请按照我建议的方法来阅读这本书，相信这把“万能钥匙”能在24周内把你变成一个伟大、优秀的人物，赋予你力量，帮助你实现个人价值，并赐予你感受生活的美妙和神奇的能力。

F. H. 博格斯

前　言

有些人似乎轻而易举就能取得成功，获得权力、财富和名誉，而另一些人却要付出千辛万苦才能有所收获，还有一些人的命运与他们的雄心、渴望和理想全无缘分。我们不禁要问：为什么？为什么有人轻而易举就能实现自己的雄心壮志，有人却要付出无数的辛劳，而另一些人则完全与成功无缘？答案肯定不是因为人的身体，否则，成功者就非得具有一副强健的体魄不可。人们的差异一定是在精神上的，人类的创造力也必定来源于精神，人的精神方面的差异，导致人与人不同的命运。的确，帮助人们征服了环境并为人类扫除前进途中障碍的，正是人类的精神。

如果我们能充分领悟思想的创造力，我们就会发现它的惊人功效。但如果想充分领悟思想的创造力，必须通过实践，而且要足够勤奋和专心才行。同学们会发现，掌控我们精神世界的各种规律和统治物质世界的规律，都确定无疑、从不出错。要达成自己所渴望的成果，必须了解并遵循这些规律。只有遵循规律，我们才能得到想要的结果。如果你明白力量来源于自身，明白人之所以软弱仅仅是因为他企图依靠外来的帮助，并且毫不犹豫地把自己托付给自己的思想，你就可以迅速地纠正自己，挺起胸膛，傲视万物，创造奇迹。

显而易见，对于这一最伟大科学的最先进成果，如果你不能及时参透并有效掌握的话，你很快就有可能被他人远远地甩在后面，就像那些否认并拒绝接受对电学规律的认知给人类带来了多少益处的人一样。

当然，精神既可以毫不费力地创造出积极条件，也同样可以轻而易举地创造出消极条件，如果你有意识地或者在潜意识中，总是思虑种种匮乏、限制和混乱的事情，你就为自己创造出了消极条件。事实上，有不少人都在无意识地去这样想，并且这样做了。

像所有其他的规律一样，精神的规律也绝不会偏袒任何人。它永不停歇地客观运行，不顾忌任何人的情面，严格地按照人们付出努力的程度回报以相应的奖赏或者惩罚，这种结果也正是人们常说的“种瓜得瓜，种豆得豆”。

因此，财富其实是对财富规律认知程度的报酬。思想不仅是财富的创造者，而且是归根结底的唯一的创造者。不容置疑的是，所有的造物都是在我们知道它可以被创造，并付出相应的努力后，才被创造出来的。比如，“电”这种东西，人们了解的其实并不比50年前多，但是，直到有人发现了电的规律并使之服务于人类之后，我们才真正从中获益。现在人类已经掌握了电学规律，所以电照亮了全世界的每一个角落。同理，财富规律这种东西，只有那些领悟并遵循它的人，才能得到它带来的好处。

现在，科学精神占据了各个领域，人类也开始重视因果法则。

我们已发现的大量规律，标志着人类已经进步到了一个新的时代。人们利用掌握在手的规律的原则、理性和确定性，驱散了生活中变幻莫测的阴霾。

现在人们都明白“事出必有其因”的道理，所以我们知道，若想实现自己的志向和抱负，就必须先为自己的志向和抱负创造出必需的条件才行。

所有规律的发现都要靠归纳推理——把大量个体事例进行对比并找到其中的共同点，归纳出其中的规律。正是因为这种研究方法，人类文明社会才得以繁荣昌盛、学术兴隆，领先于其他社会。它延长了人的生命，减轻了人的病痛，连接了江河两岸，拓宽了人们的视野，加速了人们的行动，缩短了时空的距离，促进了人与人之间的沟通交流，它用白昼代替了黑夜，它使人类“上九天揽月，下五洋捉鳖”。设想一下，如果人类能够行动起来，把这种研究方法用以扩展人类的思维方式，进而为人类造福，将会出现怎样的奇迹啊！显而易见，人类创造的所有成果都是特定思维方式的结果，这种思维方式带来的成果如此丰硕，以至于我们不得不把结果一一分类才行。

归纳推理是科学的方法，我们一贯认为，自由和独立是人类不可剥夺的权利，但我们只能通过科学的方法才能获得自由和独立，而且它是唯一的方法。为什么呢？因为只有当国家随时准备增加人民的健康节余，持续提高公共和私营部门的工作效率，不断地发展科学和艺术，竭力促使国家各个方面都能围绕着提高个人或团体生存质量这一核心运作，这个民族才能排除内忧外患，立足于世。

本课程的“万能钥匙”，建立在客观的科学真理基础之上，它将展现出个人体内休眠的潜能，还将传授你学会如何激发自身潜能并付诸实践，从而增进你的效率和能力，强化你的精力、洞察力、活力和不屈不挠的精神。如果各位读者能够领悟其中揭示的精神法则，必将有能力把遥不可及的梦想变成现实，得到丰厚而妙不可言的回报。

本课程，将传授给你如何正确地利用精神实质内的各种消极和积极的因素，指导各位读者如何认清机遇；能够加强你的意志，加强你的推理能力，教给你如何培养并最有效地运用想象力、欲望、情感和直觉；赋予人明智的判断力、理性的同情心和勇往直前、坚忍不拔的精神，以及在更高层面上享受生活的乐趣的能力。

这把“万能钥匙”将教授你如何使用精神的力量，真正的精神能量，而不是赝品或伪劣品。“万能钥匙”与催眠术、魔术和其他所有让人醉心一时的骗术毫不相干，更不会像它们一样误导，让人们错误地相信：没有付出也会有收获。

这把“万能钥匙”可以培养并开发人们对身体的领悟，从而使人掌控自身、保持健康，它还可以增强人的记忆力，提高人的洞察力——这种罕见的洞察力是每一个成功商人的特征，它使人在任何情境下都能明晰地观察到机遇和困难。它使人把握住每个机会，而在现实生活中千千万万的人都对机会视而不见，白白地让唾手可得的机会从手边溜走，却劳神费力地在艰难的境遇中大费周章，最终却毫无收获。

这把“万能钥匙”开启的是精神能量的大门，而精神力量可以让他人本能地认为你有力量、与众不同，让他人对你唯命是从；精神的力量可以把人和事吸引到你的身边，使你成为所谓的“幸运儿”，一切都心想事成；你能够领悟自然的基本法则，与自然合二为一，与无限的能量合为一体；你将能领悟吸引法则、自然的成长规律以及在社交和商业领域中隐藏的心理法则。

精神力量是一种创造力，它赋予你自己为自己创造的能力，而不是为自然所鄙弃的从他人那里夺取的能力。自然把一株草变成两株，不断发展增强，精神力量之于人类，也是如此。

这把“万能钥匙”可以发展你的洞察力，增强你的智慧以及智慧带来的独立性，培养你服务世界的性情和能力；它还可以摧毁猜疑、消沉、恐惧、忧郁、伤痛、疾病等各种形式的匮乏、局限和懦弱。此外，它可以唤醒你沉默的才能，赋予你进取的力量、精力和活力，唤醒你对艺术美、文学美和科学美的感受能力。

所有运转高效的体系都有共同的基础，这个基础就是法则，而“万能钥匙”把飘忽不定、含混不清的方法换成明确的法则，从而改变了无数人（当然也包括读者在内）的生活。

美国钢铁集团主席埃尔伯特·加里说过：“对大部分有一定规模的企业来说，顾问、培训师和效率专家都是其成功管理模式的不可或缺的要素，但我坚信还有另外一件更加重要的事情，那就是必须对正确原则的普遍认同和采用。”本课程之所以与其他教程不同，就是因为它不但教给你正确的法则，而且还教给你实践这些法则的正确方法，它让你懂得，所有法则的唯一可能的价值在于如何应用它。许多人终其一生在读书、在家自学、参加讲座，但是他们却没有取得什么实质进步，所以也无从证明他们学到的那些法则是不是有价值，价值几何。本课程教给你实践那些法则的方法，让你可以在日常生活中付诸实践，并证明那些法则的价值。

世界思维，一直纷繁变革。目前，在我们身边发生着的这场看似静悄悄、实则轰轰烈烈的思维变革，是自科学战胜迷信以来，人类社会所经历的最重要的一场变革。

当今世界正在发生的这场空前的革命，正改变着不同肤色、不同种族的人们的命运，从最上层、最有教养的人，到底层的劳动者，都不能置身事外。

如今，科学领域的新发现层出不穷，向人们展示出无尽的资源、无数的机会、无数前人毫无所知的力量。科学家们越来越不敢断言某种理论为确定无疑的理论，也极难彻底认定某些理论荒诞不经。这样，新的文明就会诞生。习俗、教条、传统正在不断地成为过去，远见、信念与开创精神取而代之。人类逐渐从传统的枷锁中解放出来。旧观念逐渐淡去，思想不断获得解放，真理正襟危坐在惊讶不已的人群面前。

世界将认识崭新的力量，一种来自我们自身的全新力量。19世纪见证了最伟大的科技和物质进步，20世纪及以后注定要产生人类历史上最伟大的精神和哲学力量的发展。

在物理学上物质分解为分子，分子分解为原子，原子分解为量子。安布罗斯·弗莱明爵士在他给英国皇家学院的演讲中提到，我们所有剩下要做的就是把能量分解为精神了。他说："能量就其本质而言，必须被当作精神或意志的直接运转来看我们才能理解。"

让我们看看最强大的自然力量是什么。在无机世界中，一切都是静止的固体，在动植物王国中，一切都在不断地变化，永远在变化、创造、再创造，而在大气中我们可以找到光、热和能量。这三个领域依次变得越来越美好和精神化，从有形到无形，从粗糙到精致，从死气沉沉到无限可能，当我们到达无形世界的时候就能发现，在那里能量处于它最纯粹、最迅捷的状态。

我们知道，大自然最强大的力量是它无形的力量，而且我们也能明白，人类最强大的力量也是他"无形"的力量，即所谓精神力量。而思考的过程就是展示精神力量的唯一途径。思考是精神活动的唯一方式，而观念是活动的唯一产物。

这样，加减运算只在精神中运作，推理是一种精神过程，观念是精神的产物，发问是精神用作探照灯的逻辑，而论辩与哲学是精神的工具。

无论何种思想都会引发物质的生命机体中某个组织的反应，它可能是大脑、神经或者肌肉等，从而导致组织结构在物质上有所改变，所以，我们只要对某一特定的主题进行一定的思考，相应的身体组织就会发生彻底的改变。

这就是失败变成成功的过程：勇气、力量、灵感、和谐的思想取代失败、绝望、匮乏、限制与不谐。它们慢慢地生根之后，身体组织也会随之改变，个人以新的眼光观察这个世界，腐朽的事物渐渐隐去，崭新的世界呈现在眼前，于是，你获得了新生，精神上的新生，生命有了全新的意义。生命得以重塑，并充溢欢乐、信心、希望和活力。我们会发现新的机遇和各种可能——我们从前认为毫无意义并完全忽视的机遇和可能。我们身上充满了成功的思想，这思想会辐射给周围的人们，于是周围的人们都走过来帮我们向前向上发展。你将把新的成功的合作伙伴吸引到自己的身边，而他们会改变我们的生活环境。通过简简单单的方法我们就发挥了思想的作用，不仅仅改变了自身，同时还改变了我们的环境、生活和境遇。

你将会看到崭新时代的曙光从地平线升起，你或许已经看到了展现在我们面前的无限可能，这一切是如此神奇、令人沉醉，甚至令人惊叹不已。一个世纪以前，一个人拿一挺格林机关枪——更不用说飞机了——就可以歼灭一支用一百年前的武器装备起来的大军。现在也是同样的情况，任何人，只要领悟了本书便能获得种种可能，都能获得超越想象的与众不同的优势。

第一课

外在世界是内在世界的影子

导　论

很高兴《影响人生的24堂课》第一课开始了。如果你想让自己的生命更有活力，首先你要觉得自己有活力；如果你想让自己更健康，首先你要觉得自己很健康；如果你想让自己的生活更幸福，那你就想象自己非常的幸福吧。想象着那活力、健康、幸福就是你自己的，最终它们会真的成为你生活中真正的一部分，想舍弃都不可能。世间万物都可以由人的内在力量进行改变，加以控制。

这种力量就隐藏在你内心之中，所以你无须去他处寻找这种力量，但是，你要去了解它，运用它，掌握它，使它充满你的身体，这样你就能一往无前并且征服你面前的世界。

随着生活一天天过去，你的动力一天天增长，你的激情日益热烈奔腾，梦想的蓝图渐渐清晰，感悟能力慢慢发展，你就会渐渐地意识到，这个世界绝对不是一堆没有生命的木石，而是活生生的存在！世界是人类跳动的心，是生命，是美。

很显然，要想透彻地理解以上描述的信息就必须有强大的感悟能力，而一旦领悟了它，你就会看到一个崭新的世界，一种全新的力量，信心和能力都将与日俱增，去实现自己的抱负、自己的梦想，而生命也拥有了比以往更加深刻、更加丰富、更加清晰的意义。

准备好，第一课马上开始。

本 论

1. 在生活的各个方面，“多者愈多”是一个颠扑不破的真理；另一方面，“损者愈损”的说法也同样完全正确。

2. 心智具有创造性，而条件、环境以及生活中的一切经历都是由我们习惯性的或占支配地位的心态来决定的。

3. 我们的心态必然由我们的所思所想来决定，所以，获得权力、成就与财富的唯一秘诀就在于我们的思维方式。

4. 这是完全正确的，因为我们能“做”什么取决于我们自己“是”什么水平，我们能“做”到什么程度取决于我们“是”什么程度。而我们“是”什么水平，则取决于我们怎么“想”。

5. 我们无法表现出自己并不具备的力量，要想拥有力量，就必须理解力量，而理解力量的前提就是要明白：一切力量皆来源于内在世界。

6. 人人都有一个内在的世界，一个充满思考、感觉和力量的世界。这个充满光明、生机勃勃而美丽动人的世界虽然是无形的，却拥有强大的能量。

7. 内在世界由精神统治，只要认识了这个世界我们就能找到所有难题的答案，所有结果的原因。既然是我们自己掌握着自己的内在世界，那么，获得一切权力和财富的法则也就由我们自己掌控。

8. 外在世界是内在世界的影子，只有在内在世界存在，才能出现在外在世界中。内在世界中有无尽的智慧、无尽的能量和可以满足一切需求的无尽资源，等待着你去发现、开发、释放出来。如果我们能认清内在世界的潜能，它们就能在外在世界中显露。

9. 和谐的内在世界，将以和谐的境况、宜人的环境以及万物的最佳状态的形式，呈现在外在世界之中。这是健康的基础，也是获得一切权力、成就、功绩的必要条件。

10. 若使内在世界和谐，我们需要具备控制自己思想的能力，具备决定自己承受生活何种影响的能力。

11. 内在世界的和谐会产生内在的乐观和富足，而内在世界的富足也将带来外在世界的富足。

12. 外在世界的环境和条件是内在意识的反映。

13. 如果我们能在内在世界找到智慧，就会有足够的领悟能力来认识内在世界的非凡潜能，并有能力将这些潜能在外在世界中展现出来。

14. 当我们意识到内在世界这种智慧的存在，我们就能拥有这种精神智慧，而拥有了精神智慧，我们就拥有了全面和谐发展的必需的能量和智慧。

15. 内在世界是一个真实的世界。正是在这个世界中，成功人士获得了勇气、希望、热情、信心、信任与信念；正是借助这个世界，他们才获得了看穿未来并实现未来的非凡才智。

16. 生命并非一步步逐渐聚集的过程，而是一个逐渐展开的过程。在外在世界中所获得的东西，都是在我们的内在世界已经存在的东西。

17. 一切财富的根源都是意识：一切收益皆是意识积聚的结果，一切亏损都是思维分散的后果。

18. 精神能带来的结果取决于精神是否和谐，而精神不和谐会带来迷茫，所以，凡欲成功的商人必须与自然法则和谐相处。

19. 我们通过心智的物质媒介与外在世界相连。大脑是心智的器官，而脊椎和神经系统自觉地把我们身体的各个部位连接在一起，对明暗、冷热、气味、声音、味道等一切感知做出反应。

20. 如果我们的心智运转良好、通晓真理，如果神经系统传达给身体各个部分的信息是有益的，这些感知就会是美好而和谐的。

21. 这将把力量、活力以及一切有益的能量注入我们的身体。但是同样，也正是心智的物质媒介给我们的生活带来诸如压力、疾病、贫困、限制等各种形式的混乱和不和谐。这样，错误的思考通过心智的物质媒介就将各种破坏力量施加在了我们的身上。

22. 我们通过潜意识与内在世界相连。腹腔神经丛是这个过程的心智器官；交感神经系统操控着所有的主观感受和诸如快乐、恐惧、热爱、不安、希冀、想象等潜意识活动。正是通过潜意识我们才得以和宇宙精神相连，才得以和宇宙中无限的建设性力量相连。

23. 我前面提及的生命的伟大奥秘就在于这两个生命枢纽——大脑和潜意识的合作，以及人对其各自功能的领悟。知道了这些，我们就能够自觉地调和客观心智和主观心智，从而调和有限和无限。我们的未来完全掌握在我们自己手中，无须听凭反复无常的外在力量的摆布。

24. 所有人都会同意，只有一个理念——或者说叫作意识——充盈着整个宇宙，遍及所有的地方，而在这种理念所在的每一个角落，它的本质都是完全相同的。它无所不能、无所不知、无所不在，所有的思想和事物都是它的一部分，它无所不包，无所不有。

25. 宇宙中只有一个意识能够思考，而它一思考，它思考的内容就转变成了客观事物。既然这种意识无所不在，那它也必然存在于每个人身上，每个个人都是这个无所不能、无所不知、无所不在的意识的表现。

26. 因为宇宙中只有一个意识能够思考，必然可以得出这个结论：你的意识必然同宇宙意识相一致，也就是说，所有人的心灵其实是一个心灵。这个结论没有丝毫错误。

27. 在你的脑细胞中集中的意识，与集中在他人脑细胞中的意识完全相同，每个个人都只是宇宙精神的个体化。

28. 宇宙精神是静态的或称潜在的能量，这显而易见，无须赘述；宇宙精神只能通过个体的人展示出来，而个人也只能通过宇宙精神才能彰显自身，这两者是合二为一的。

29. 个人的思考能力，就是他作用于宇宙精神并展现宇宙精神的能力，人的意识完全等同于人的思考能力。我们相信，精神本身只是静态能量存在的一种微妙形式，从中产生的所谓的“思考”即是精神动态的活动。精神是静止的能量，思考是动态的能量，而其实它们是同一种能量，所以思考只是静态精神到动态精神的转化过程中的振动产生的一种力。

30. 因为宇宙精神包含宇宙的所有属性，而它又无所不能、无所不知、无所不在，所以，这些属性必然也无时无刻不潜在于每个个人身上。因此，个人思考时，由于思考的本质属性，宇宙精神必然在客观世界或称外在环境中表现出来，并与思考本身相呼应。

31. 任何想法都会产生结果，任何客观现实都只是它的结果，所以，人必须控制自己的思想，来创造自己满意的客观条件。

32. 一切力量皆源于自身，而且完全由你掌控，但是它的施展必须通过特定的知识，通过对特定法则的主动实践。

33. 显而易见，如果你能够融会贯通地领悟这一法则，能够掌控自己的思维，任何情况下你都可以用它来解决问题。换言之，你就能够自觉地与作为万物的根基的无所不能的宇宙法则合作。

34. 宇宙精神是世界上每一个原子生机勃勃存在的法则，每一个原子都不断地努力展示出自己的生机，所有的原子都拥有智慧，它因此而生，也将为之不懈地努力。

35. 大多数人生活在外部世界中，而只有少数人生活在内在世界中。但是正是内在世界创造了外在世界，而且，由于内在世界的创造性，你在外在世界中所发现的一切，其实都是你的内在世界所创造出来的。

36. 这24堂课将把力量带给你，只要你领悟了外在世界与内在世界的这种关系。内在世界是因，外在世界是果。想要改变外在世界的果，就必须先改变内在世界的因。

37. 不用我多说你已经明白了，这是一种全新的、与众不同的理念，大多数人都妄想通过改变外在世界来改变结果，因为他们不明白，那不过是转变了一下不幸的形式。要消除不幸，就必须掐掉它的"因"，而这个"因"只存在于内在世界中。

38. 一切发展都源于内在，这在自然界中显而易见。任何植物、动物还有人类都是这一伟大法则生动的证明，而人类有史以来最大的错误恰恰在于，人们一直试图从外在世界中寻找力量和能量。

39. 内在世界是宇宙中所有资源的"源"，外在世界只是"流"。我们能收到多少这种资源，关键在于我们对这一宇宙源泉的认知，这一无限的能量可以输入每一个个人之中，对于任何人都是如此。

40. 认知是一个精神过程，而这个精神活动就是个体精神与宇宙精神之间的相互作用。而宇宙精神是一种无处不在、能激活一切生命的精神，宇宙精神和个体精神的作用和反作用遵循因果法则，但这一法则并不在某个个体身上体现出来，而是体现在整体的宇宙精神之中。因果法则不是可以客观感受的，而是一个主观过程，它的结果外化为无数不同的环境和生活经历。

41. 要释放生命的活力，必须先有思想；没有思想，一切都将不复存在。世界上所有的事物都是这一基本物质的某种体现，一切都被这种物质创造并不断改造着。

42. 我们生活在一片深不可测的精神海洋之中，这种精神存在极有可塑性，永远生机勃勃、流动不息。它极度敏感，对各种精神需求都能做出快速的反应，以思想作为子宫或者模具而成型。

43. 请你牢记一件事：如何应用这种理念是它所有价值的所在，如果能透彻地领悟这一法则，贫困将会让位于富足，无知让位于智慧，混乱让位于和谐，奴役让位于自由。毋庸置疑，如果站在物质和社会的角度上来看，这真是莫大的幸福。

44. 现在练习一下。选一间可以默默独处的房间，轻松地坐直，不要懒洋洋地靠着，任思绪徜徉，使心灵十五分钟到半个小时保持完全的安宁，坚持三四天到一个礼拜，你就可以完全控制自己的身体了。

45. 很多人会发现这个练习不太容易做到，也有人轻轻松松地就做到了，但是要想取得进步，继续下一堂的课程，就必须先能够完全控制自己的身体，这是必不可少的步骤。下周我们将继续讨论下一步该做什么。在此期间，你必须完全掌握这个步骤。

问答录

相对于内在世界来说外在世界是什么？

外在世界是内在世界的影子。

一切财富的根源是什么？

一切财富都来源于意识。

个体通过什么与客观世界相连接？

个人通过心智的物质媒介——就是叫作大脑的器官——与客观世界相联系。

个人通过什么与宇宙精神相连接？

个人通过潜意识——就是叫作腹腔神经丛的器官——与宇宙精神相连接。

什么是宇宙精神？

宇宙精神就是使世界上的每个原子都保持生机勃勃存在的法则。

个人精神如何对宇宙精神产生作用？

个人思考的能力就是他作用于宇宙精神的能力，通过思考他可以将宇宙精神展现出来。

宇宙精神和个人精神作用和反作用产生了什么？

两者之间的相互作用遵循因果法则，每个想法都是个“因”，每个生活环境都是“果”。

如何才能确保得到你渴望的和谐的生活环境？

我渴望的和谐的生活环境通过正确的思考得来。

所有的混乱、不和谐、贫穷和限制从何而来？

混乱、不和谐、贫穷和限制皆因错误的思考而起。

所有能量的源泉是什么？

所有能量的源泉在于内心，它是宇宙中所有资源的源泉，是一种无限的能量，每个个人都是它的支流。

第二课

潜意识——成功的不二法门

导　论

我们所遇到的困难，大部分源于我们观念不清晰，对自身的真正利益是什么一无所知。当务之急就是要洞察自然规律，调整自我。故而，清晰的思路和思维的洞察力的价值简直不可估量。所有的过程，甚至思维过程，都是建立在坚实的基础之上的。

你的感觉越敏锐，判断越精确，品味越高雅，道德感越细腻，智慧越睿智，志向越高远，现实生活所产生的满足感也就越纯粹、越强烈。故而，对人类有史以来最优秀思想的研究才会产生至高的乐趣。

在这种全新的诠释之下，精神的力量、作用和它所拥有的可能性，比最辉煌的成就，甚至比对物质过程的遥不可及的梦想都更加奇妙。思想就是能量：活跃的思想即是活跃的能量，集中的思想即是集中的能量。集中在某一个明确的目标上的思想将化作强大的力量，而这种力量一直都被那些抛弃“贫穷是德，克制为美”的基督教义的人所用。他们认为对贫穷与克制的赞美不过是懦夫的空谈。

接收并彰显这种力量的能力取决于认识人自身素有的无限能量的能力，这能量不断地创造并改造着人的身心，并时刻准备在他需要的时候在他身上现身。个体对这一真理的认知越深刻，这种能量在其外在生活中越能彰显。

第二课将阐明如何才能做到这些。

本 论

1. 心智的运作是由两条平行的精神行为模式——显意识与潜意识——共同产生的。戴维森教授曾说：“那些想用自己有限的显意识去说明精神行为的整个范畴的人，无异于想要用一支蜡烛去照亮整个宇宙。”

2. 我们的思维其实是一件精美的艺术品，它为我们的认知活动做好了充分的准备。而其中潜意识的运行也是毋庸置疑的精准，可我们却从未弄清它究竟是如何运行的。

3. 潜意识的灵魂就像一位好心的陌生人，默默地劳作并满足我们的需求，把精选的成熟的果实远远地倒向我们，故而，对思想过程的终极研究将表明，潜意识是上演最重要的精神壮举的舞台。

4.正是通过潜意识的帮助，莎士比亚才毫不费力地领悟了一个二流学者显意识永远不可能发现的最伟大的真理；正是通过潜意识的帮助，菲迪亚斯创作了大理石和青铜的雕塑，拉斐尔画成了圣母像，而贝多芬完成了交响乐。

5. 我们是否能从容不迫地尽善尽美地完成某件事，完全取决于我们是不是已经不再依靠自己的显意识：完美地弹钢琴、滑冰、打字，熟练地进行交易等，全部依赖于潜意识的运作。能一边在钢琴上弹奏华丽的乐章，一边畅谈，可以称得上一种奇迹，这奇迹充分展示了潜意识伟大的力量。

6. 我们都知道自己依赖于潜意识。我们意识到，我们内心的思想越是伟大，越是高贵，越是卓尔超凡，其源泉就越是超出我们的理解范围。我们发现，我们对自身在艺术、音乐等方面的技巧、本能和美感的居所或源泉完全一无所知。

7. 潜意识的价值是无限的，它激励我们，警示我们，它从记忆的宝库当中提取出姓名、场景和事件让我们回想起过去，它指导我们的思想和品味，为我们完成复杂的任务，而这些复杂的任务任何显意识都不可能做到，就算是假设它有这个能力的话。

8. 只要我们愿意，我们就可以用脚走路或者抬起胳膊，我们可以随心所欲地用眼睛去看，用耳朵去听。然而，我们不能让自己的心脏停止跳动，让自己的血液不再流动，让自己的身体停止生长，无法干涉神经系统和肌肉组织的形成与骨骼的发育，还有其他种种生理机能。

9. 如果我们比较这两组行为，一组听从的是暂时的意愿，另一组则庄严有序地进行着，从不间断，时时刻刻都在不停地进行着。我们对后者肃然起敬，并思考其中的奥秘，试图得到合理的解释。我们现在已经能够理解这些是我们身体必不可少的过程，必然作出这样的推论：这些至关重要的作用以及它们的各种变化、各种过程被有意地从我们的外在意愿的管制下抽走了，然后被安置于永恒而可靠的内在力量的控制之下。

10. 在这两种力量当中，外在的可变的那种力量被称作“显意识”，或者“客观精神”（意指应对外在客体的意识）；内在的力量被称作“潜意识”，或者“主观精神”，除了在精神层面发挥作用，它还控制着使身体正常运转的常规功能。

11. 很有必要仔细地去了解一下它们分别在精神层面上有什么功

能，还有它们某些其他的基本运行规律。其中，显意识通过五种感官的感知和运行对外在生活的客体及印象作出反应。

12. 显意识具有鉴别的能力，负有选择的责任。它还有各种理性能力，包括归纳、推理、分析、演绎等，这些能力能够得到高度的发展。意志以及意志所有的能量都在于理性的能力。

13. 理性不仅能够影响他人的思维，也能够指导潜意识的活动。因此，显意识就成了潜意识的管理者和监护人，对潜意识负责。正是这一高级功能可以完全扭转你的生活境况。

14. 诚然，如果潜意识没有防范，经常会因为接受了错误的信息，而使恐惧、焦虑、贫穷、疾病、失调等各种恶主宰自己。对于这些，训练有素的显意识可以警觉地把它们拒之门外从而保护潜意识。因此，显意识可以被形象地叫作潜意识这个伟大领域的“看门人”。

15. 一位作家曾如此描述过心灵的两个方面的主要区别：“显意识是理性的意志，潜意识是本能的渴望，但同时也是以前的理性意志的结果。”

16. 潜意识从外界资源的前提中得出精确的不偏不倚的推论。前提正确，潜意识便能得出正确的结论；相反，如果前提或信息是错误的，整个结构都会土崩瓦解。潜意识不进行证明的过程，它完全依靠显意识这个“看门人”来防范错误表象的影响。

17. 潜意识把接收到的所有信息都看成是正确的，然后，它立刻就根据这个基础开始它浩大的工程。显意识提供的信息可能是对的，也可能是错的，如果是错的，整个生命就要面临全面的危险了，这个代价是沉重的。

18. 显意识有责任在醒着的时候时刻对潜意识进行看护。当“看门人”擅自“离岗”，或者在各种不能作出冷静的判断的情形下，潜意识的领域将失去保护，各种错误信息都将乘虚而入。在惊慌失措的狂野的躁动中，在怒不可遏时，在不负责任的人们的怂恿之下，或者在任何其他情绪无法抑制的时候，这样的情况都是非常危险的。因为这时，潜意识就向恐惧、憎恨、自私、贪婪、自卑等外部环境或周围人们带来的负面力量和信息敞开了大门，其结果一般都是极其不利的，会让潜意识长时间地受压抑，故而，保护潜意识领域不受错误表象的侵扰是非常重要的。

19. 潜意识通过直觉来感知，故而，其过程稍纵即逝。它等不及显意识缓慢的推理，事实上，它根本对这些推理不屑一顾。

20. 潜意识从不打盹，也不休息，甚至比心脏的跳动和血液的流动还勤奋。现已发现，只要向潜意识简单地陈述它需要完成的具体任务，实现所要结果的力量就会立刻开始运作，而这正是我们与无所不能的宇宙精神联系起来的能量之源，也是最值得我们认真研究的深层法则。

21. 这一法则的运作十分有趣。那些按照这个法则行事的人总是会发现：当他将跟某人会面却觉得这次面谈一定非常困难的话，一定会在他们见面之前发生某件事，帮他消除了预想的分歧，结果，一切都改变了，一切都和谐融洽起来；当生意出现问题的时候，如果他可以推延一下时日的话，适当的解决方案总会在推延的这些日子里突然在他脑海中出现。总之，所有都被处理好了。实际上，那些懂得依赖自己潜意识的人，总能找到可由自己支配的无尽资源。

22. 潜意识是我们固有的原则与抱负的发源地，也是我们的审美理想和利他本能的源泉。如果固有的原则被逐步彻底地破坏，这些本能就会被颠覆。

23. 潜意识不会反驳，故而，如果它接受了错误的信息，克服这些信息危害的适宜的对策就是习惯——不断地重复相反的强有力的信息，迫使潜意识接受并最终形成崭新的、健康的思维习惯，因为潜意识乃是习惯的发源地。我们反反复复重复某件事的时候，它就成了一种机械运动而不再需要靠判断力才能动起来，它已经在潜意识上烙下了深深的痕迹。健康、正确的习惯对我们是有利的，而治疗错误、有害的习惯的方法就是认清潜意识无限的能量，并提醒它马上就可以从恶中解脱。潜意识具有创造性，加之我们内在力量的帮助，它立刻就会去达成我们告诉它的那种解脱。

24. 综上所述：从身体方面讲，潜意识的一般功能就是维持生命的常规运作、保存生命力、恢复健康、照料后代，也包括保护所有生命、提高整体环境的本能愿望。

25. 从精神的层面讲，潜意识是记忆的仓库，拥有神奇的思维信使，它们的劳作不受时间和空间的限制，它是生命的动力和建设性力量的真正源泉，它还是习惯的发源地。

26. 而从信仰的方面讲，潜意识是理想和想象的源泉，是我们认识自身伟大的本源——宇宙精神——的渠道，而我们对这一伟大的本源的正确认知决定了我们对力量源泉的正确理解。

27. 有些人可能会问："潜意识是如何改变环境的？"答案是：潜意识是宇宙精神的一部分，二者是部分和整体的关系。它们在性质和种类上基本一致，差别很小；宇宙精神是有创造性的，而且是唯一的创造者，这样的意识必然具有创造性；而思考是潜意识唯一的活动方式，因此，思考必定也是具有创造性的。

28. 但我们必然发现，进行简单思维与有意识地、系统地、有建设性地引导思维之间的差别巨大。当我们这样指导自己的思维的时候，我们就和宇宙精神和谐一致了，我们就与"无限的能量"步调一致了，我们就可以运用宇宙精神这股最强大的创造力量了。与其他事物一样，这个过程受自然法则支配，也就是受吸引法则支配——精神具有创造性，它与自己的对象自动连接，并将对象在现实世界中彰显出来。

29. 上周我给你们布置了一个练习，来确保你们可以完全地控制身体。如果你们已经实现了这个目标，就可以进行下一步了。这一回你们要学会控制自己的思想。如果可能的话，最好是在同一个房间，坐在同一把椅子上，保持同一个姿势进行练习。有时候同一个房间可能不太现实，那就因地制宜，充分利用可以利用的条件就行了。现在，像上一次那样进入完美的沉寂状态，约束所有思想，因为这会帮你压制所有的担忧、恐惧和焦虑，使你学会只保留那些你希望拥有的理想。坚持练习下去，最终你会完全掌握的。

30. 做这个练习可能每次坚持不了多长时间，但这个练习非常有意义，有价值，因为实际上它可以证明有多少不速之客随时会闯入你的精神世界。

31. 在下周的新课中，你会学到一个更有趣的练习，但在那之前，你必须掌握本课的练习。

因和果的关系绝对而稳定，在不可见的思维领域和在肉眼可见的物质领域中都是如此。精神是一位熟练的织工，他织出了裁剪内在性格所需的绸料，也织出了缝制外在环境所需的布料。

——詹姆斯·艾伦

问答录

精神活动的两个模式是什么？

潜意识和显意识。

我们想从容不迫、尽善尽美地完成一件事情，靠的是什么？

依靠的是我们不依靠显意识的程度。

潜意识的价值何在？

它有巨大的价值，因为它不仅指导我们，使我们保持警戒，控制着身体正常运作所必需的活动，它还是记忆的仓库。

显意识的主要作用是什么？

它有辨别的能力，推理的能力，是意志的源泉，它还可以影响潜意识。

潜意识和显意识之间的区别是如何显现出来的？

显意识是理性的意志；潜意识是本能的渴望，但同时也是以前的理性意志的结果。

影响潜意识的必需措施是什么？

默默地告诉潜意识你想要什么。

这样做的结果会怎样？

如果你的愿望和整个宇宙精神不相冲突，而是与其前进的步伐相一致，能量马上就会投入运作，实现你的愿望。

该法则运作的结果如何?

环境会改变，按照我们所拥有的占支配地位的心态进行改变。

该法则的名称是什么?

吸引法则。

如何解释该法则?

思考一种创造性的能量，会自动与其思考的内容相连接并将内容变成现实。

第三课

态度决定生活

导　论

现在，你已经懂得了个体精神可以作用于宇宙精神，这种作用和反作用的结果就是因果关系。故而，思想就是因，而你在生活中所遭遇的所有经历就是果。

因此，就不要再为过去或现在的任何不幸抱怨什么了，因为这一切取决于你自己，取决于你能不能把自己的境况改造成你所希望的样子。

努力去开发自己的精神资源并加以利用吧，所有实实在在、长久不衰的能力都由此而来。

只要你不懈地坚持这一努力，你就会意识到，只要你了解自己的能力并坚定不移地朝着你的目标努力，只要目标正确，生活中任何努力都不会失败，因为精神力量随时准备向坚定的意志伸出援手，帮助你把想法和渴望变为切实的行动，继而成为丰功伟业和真实的境遇。

刚一开始，生命的所有行为及行动只是显意识作用的结果，但这些行为慢慢地变成了自发的习惯，控制行为的思想渐渐潜进了潜意识的领域，而其智慧并未减损分毫。能够自主地行动，或者说由潜意识来控制行动，是非常必要的，因为这样就可以把我们的显意识解放出来关注其他的事情。接下来，新的行为又渐渐养成习惯，自动完成，进入潜意识，我们的显意识就可以再次从这些细节中解放出来，进一步投入到其他的行动中。

当这些变成现实以后，你就找到了力量的源泉，你就能得心应手地应对生活中可能出现的任何情况了。

本　论

1. 显意识和潜意识必须相互连接，而与显意识和潜意识相对应的神经系统的各个部分也必须相互连接。特罗沃德法官曾阐明实现这种相互连接的方式是一种非常美妙的方式。他说：大脑—脊椎系统是显意识的器官，腹腔神经丛是潜意识的器官。大脑—脊椎系统是我们通过感官接收意识感知的渠道，以大脑为中心，控制着身体的运动。

2. 腹腔神经丛也有一个中心，它在胃的后部，被称为太阳神经丛，是一个神经节丛，它是精神行为的渠道，也是下意识地支撑身体的生命机能的器官。

3. 这两个系统之间的连接通过迷走神经建立起来。作为大脑—脊椎系统的一部分，迷走神经从脑部延伸出来，直至胸腔，穿入心脏和肺部，最终穿过横膈膜之后外观稍微变化与交感神经合二为一，这样两个系统联结在一起，人的身体成为一个“独立的实体”。

4. 我们知道，是大脑这个显意识的器官作出所有的思考，而思考依赖于我们的思考能力，当思考的结果为客观精神所认同，它就会被转移到太阳丛——主观精神的司令部，成为我们身体的一部分，以备传递给外界成为现实。当到达主观精神之后，这些思想就不再受理智的影响，因为潜意识中没有理智，只会行动，它会把客观精神的结论作为定论接受。

5. 太阳丛被比作身体的太阳，因为它是分配能量的中枢，负责把全身不断生产的能量传递出去。这种能量是实实在在的能量。这颗太阳也是名副其实的太阳，它所传出的能量被一根根神经运送到身体的各个部位，并向包围身体的空气中辐射。

6. 如果这种辐射足够强大，这个人就被称作有魅力，有个人魅力，他就有行善的力量。通常，与他接触，痛苦的人能从他的出现本身获得安慰。

7. 当一个人的太阳丛表现活跃，向身体的各个部分和他接触的每个人辐射出生机、能量和活力的时候，他会感到心情愉快，身体健康，而每一个和他接触的人也都会感觉精神畅快。

8. 如果这种辐射暂时停止，他就会感觉不愉快，通往身体某个部位的生命和能量暂时缺乏，这就是人类所有弊病的根源，包括所有身体上的、精神上的、环境中的弊病。

9. 人身体的某部分生病，是由于身体的太阳无法产生足够的能量来激活它，精神障碍根源于显意识的思考需要潜意识提供能量和活力，而环境出问题则是因为潜意识和宇宙精神的联系被破坏了。

10. 太阳丛是整体和部分的交汇处，在这里，有限转化为无限，破坏变成创造，宇宙精神分化为个体精神，无形化身成可见。太阳丛是孕育生命力的地方，而一个人可以运用的这个太阳孕育的生命力是无穷无尽的。

11. 所有生命和智慧都在这个能量中心会聚，所以它无所不能，能够完成所有指派的任务。当然指派任务是显意识的功劳，潜意识有能力并且坚决地完成显意识交给它的任何计划和使命。

12. 显意识的思想操控着整个机体活力和能量的来源——太阳中枢。我们想法的质量决定着这个太阳辐射的想法的质量；我们想法的特点决定着这个太阳辐射的想法的特点；我们想法的性质决定着这个太阳辐射的想法的性质，从而决定未来将产生的人生际遇的性质。

13. 故而，很显然我们要做的就只是让这太阳光芒四射。放出的能量越多，我们就能越快地把不愉快的条件变为快乐和收益的源泉。接下来的一个重要的问题就是：如何让这太阳发光产生这种能量?

14. 愉悦的念头、顺其自然的思想会使太阳丛不断发展，相反，不快的念头、较劲的想法会使它萎缩。意念中的勇气、能力、信心和希望都会产生相应的现实。而太阳丛最大的敌人就是恐惧，这遮蔽太阳的乌云会带来永久的黑暗。我们必须彻底打败这个敌人才能让太阳光芒四射，我们必须彻底消灭这个敌人，让它永远不得踏足我们的精神领域。

15. 正是这个个人心里的恶魔让人害怕过去、害怕现在、害怕未来，让人害怕自己、害怕朋友、害怕敌人，害怕所有的事和人。完全清除恐惧之后，你的太阳将会发光，阴霾将会消散，你就找到力量、活力和生命力的源泉了。

16. 当你发现自己实际上拥有无限的力量，当你通过一件客观的成功案例意识到，通过思想的力量自己可以战胜任何逆境，你就没什么恐惧的了。当害怕完全消失，你就找回了你与生俱来的权利。

17. 我们对待生活的精神态度决定着我们在生活中的实际遭遇：如果我们一无所求，我们必然一无所得；如果我们所求颇多，我们必然所获颇丰。世界只会对那些没有追求的人冷眼相待，世界严厉的批评只留给那些连理想都没有的人。不要管别人怎么看，否则理想将永远不见天日。

18. 而那些知道自己拥有一颗太阳的人不会害怕诸如批评之类的

东西，他们忙于向外界传递自己的勇气、信心和力量而没空害怕。他们用心态促成成功，砸碎障碍，轻而易举地越过恐惧摆在他们前进道路上的怀疑和犹豫这两个陷阱。

19. 认识到自己可以随心所欲向外界传递健康、力量与和谐，我们也就意识到其实世界上根本没有什么值得害怕的东西，因为我们手中掌握的力量无穷无尽、无休无止。

20. 只有把这一知识实际应用我们才能得到这种认识。因为，做到了才算学会，就像运动员训练了才能强壮有力一样。

21. 因为以下的论述至关重要，为了让你们充分明白它的含义我将对不同的人分开来说，这样你们每个人都能好好地理解一点。如果你是一个有宗教信仰的人，我跟你说的是，你的心灵之光会闪现；如果你是一个对生理医学有所偏爱的人，我跟你说的是，你可以唤醒你的太阳神经丛；如果你有科学情结，只相信精确的科学解释，我跟你说的是，你可以改变你的潜意识。[①]

22. 我已经告诉过你，改变潜意识的结果是什么，你现在应该感兴趣的是改变它的方法。你已经认识到，潜意识是智慧是创造，它会对显意识的意愿作出反应。那么，让你的潜意识产生你想要的结果最简单的方法是什么呢？那就是：将精神集中在你渴求的目标上，精神集中的过程就是改变潜意识的过程。

23. 集中精神不是改变潜意识的唯一方法，但却是一个简单而有效的方法，是最直接的方法，因而也是获得最佳效果的方法。这种方法所产生的非凡结果让许许多多的人认为是上帝显灵了。

24. 所有伟大的发明家、金融家和政治家正是通过这个方法才把

① 该段的“心灵之光”“太阳神经丛”“潜意识”分别为宗教、生理学、科学术语，作者这样分开是为了保证每一类的读者或他假想的学生都能完全理解他要表达的意思。

那些微妙不可见的渴望、信念和信心的力量转化成了客观世界中真真切切的、实实在在的、看得到摸得着的现实。

25. 潜意识是宇宙精神的一部分，而宇宙精神是创造宇宙的原料。作为宇宙精神的一部分，潜意识和整体的宇宙精神在种类和性质上完全一致，这意味着这种有创造力的能量是绝对无限的。在它之前没有任何东西存在，也就没有什么东西可以限制它。你可以直接利用这种建设性的能量，因为在它存在之前一无所有，也没有其他可以利用它的方式。

26. 我们知道，潜意识会对显意识的意愿作出回应，这也就是说宇宙精神的无限创造力可以由个体的人的显意识来掌控。

27. 我们在下面的课程中将有一些练习，供你实际应用这一法则，但最好记住，我们不需要知道潜意识是用什么方式来实现我们渴望的结果的，因为，无限的能力无须有限的能力去告诉它要怎样做。你只需简简单单地说出你想要什么，而无须知道如何才能得到它。

28. 你是混沌一片的宇宙得以分化的渠道，这一分化通过争夺得以实现。你只需要为你想要的结果加上“想要”这个动因就可以了，它会自然而然地产生想要的结果；这一过程的内在联系是，宇宙精神只有通过个体精神才能运作，而个体精神也只有通过宇宙精神才能有所行动，两者是合二为一的。

29. 在本周的练习中，我要让你更进一步，我想让你不仅能够完全沉静下来，还要尽量抑制各种思想，而且要放松，让肌肉恢复到最自然的状态。这将把所有的压力从你的精神中赶走，消除经常会导致身体疲劳的紧张。

30. 意志自发地就会放松身体，这个练习有很大的价值，因为它能让血液在大脑和身体中畅通地运行。

31. 紧张会导致精神不安和不正常的精神活动，会产生不安、忧虑、恐惧和焦躁，故而为了使精神能够完全自由，放松是绝对必要的。

32. 你要尽可能完全而彻底地进行这一练习，告诉自己要放松每一块肌肉、每一根神经，你定会感到宁静安详，你会感到与自身和谐了，与世界和谐了。

33. 此后，太阳丛就要开始运作了，其结果将会让你称奇不已。

问答录

神经系统的哪部分是显意识的器官？

大脑—脊椎系统。

神经系统的哪部分是潜意识的器官？

交感神经丛，或称腹腔神经丛。

身体不断生产的能量的分发中心是什么？

太阳丛。

什么会扰乱能量的传递？

较劲、挑剔、不和谐的情绪，尤其是恐惧。

能量中断有什么后果？

人类将遭受所有的弊病。

这种能量通过什么控制和引导？

显意识的思考。

如何完全消灭恐惧？

理解并认同所有力量的真正来源。

我们在生活中有什么经历取决于什么？

我们占支配地位的心态。

如何唤醒太阳丛？

将精神集中在我们希望在现实生活中实现的结果上。

创造宇宙的原料是什么？

宇宙精神。

第四课

驾驭命运的人们

导 论

现在，我要给你们上第四课，在这一课中，我会告诉你们为何你的想法、做法和感受都能表明你是一个怎样的人。

思想就是能量，能量就是力量，但因为迄今为止我们所熟悉的所有宗教、科学和哲学只专注于这种能量产生的效果而不是能量本身，人们仅仅关注“果”，作为“因”的这种能量就被忽视或误解了。

基于人们的这种错误的做法，宗教里才分为神和魔，科学上才有了正和负，而哲学上有了善与恶，而这些对立本不过是这种能量分化的结果。

我们讲义中所说的“万能钥匙”则反其道而行之，我们只关注“因”的一面；我的课已经有了斐然的成绩和结果，而我收到的学生们的来信都说明了这一点；这些信都表明学生们已经学会通过思考来获得健康、平和、财富以及任何其他必不可少的幸福和快乐。

生命是社会性的，我们的任务就是把自己平和的心态和建设性的能力告诉世界。生命中不必有悲伤、痛苦、不幸、疾病和穷困，而我们也正在不断地学会如何消灭它们。

而消灭这些因素的过程，就是超越各种限制的过程。超越了思想的限制而拥有了强大、纯洁的思想的人不会被鸡毛蒜皮的小事困扰，超越了自己而获得了生财之道的人会向金窝窝径直地走去。故而，超越了限制，命运这种东西，不管它还叫别的什么名字，都将被轻而易举地掌控，如同船长驾驶自己的舰船，或者火车司机开动自己的火车一样驾轻就熟。

本　论

1. 你的“本我”不是自己的身体，身体只是“本我”实现目的的工具。“本我”也不是理智，因为理智也只是“本我”用来思考、推理、作计划的另一个工具。

2.“本我”一定是某种能够掌控并指导身体和理智的事物，一种能够决定身体和理智做什么、如何去做的事物。当你认识了“本我”真正的本质，你就将感受到一种你闻所未闻的力量。

3. 你的性格由无数的个性、怪癖、习性和其他个性特点组成。这些都是你迄今思维方式的产物，但它们和你的“本我”并没有任何本质联系。

4. 当你说“我想”的时候，“本我”告诉理智去想什么；当你说“我去”的时候，“本我”就告诉身体该去哪里。这个“本我”的本质是精神，精神是真正的力量之源，当人们意识到“本我”真正的本质的时候，这种力量就会附在到他们身上。

5.“本我”被赋予的最伟大、最神奇的力量是思考的能力，然而很少有人知道怎样正确、有建设性地去思考，所以取得的效果微乎其微。大多数人思考的只是自己自私的目的，而自私是头脑幼稚的必然结果。如果拥有成熟的头脑，人们就会明白，其实每一个自私的想法都藏着失败的种子。

6. 成熟的人都明白，做任何一件事要想成功都必须让所有与这件事相关的人——不管是什么关系——都能从中获益，因为任何想利用他人的弱点、大意或欲望来占便宜的人，都必将自己吃亏。

7. 这是因为，个体是宇宙的一部分，一个整体的两个部分之间不能相互敌对，每一个部分的福祉和利益都必须依靠整体的福祉和利益。

8. 懂得了这一法则（后文称为爱的法则），处理生活中所有的事情你就有了巨大的优势。能忍，能轻轻松松地打消那些轻浮邪恶的想法，还能轻而易举地使注意力做到绝对集中。对于那些赔本的生意你一眼就能看穿，绝不会浪费自己的时间和金钱。

9. 如果懂得了这个法则却做不到这些，那只是因为你没有付出应有的努力。现在你应该一试身手了!有一分耕耘就有一分收获，有多少耕耘就有多少收获。为了加强你的意志、实现自己的力量、取得成功，你可以借用一句语气强烈的肯定句来鼓舞自己："我想成为什么样的人我就能变成什么样的人！"

10.当你重复这句话的时候，感受一下这句话里的"我"是谁，是什么，试着去真正理解"本我"的真正本质——真正的我到底是什么。如果你做到了，你就无往而不胜。当然，前提是你的目标和目的必须有建设性，对宇宙有益，有创造性，因为创造是宇宙唯一的行为和遵循的法则。

11. 要想用这句话达到目标你要不停地重复再重复。只要想到，不管白天黑夜，就重复一遍，坚持下去，把它变成你生活的一部分，一个习惯。

12. 如果不坚持还不如压根就不做，因为现代心理学证明：如果做一件事有头无尾，或是做了决定而不坚持的话，我们就养成了失败的习惯，这种习惯是真正的可耻的失败。如果不打算贯彻到底，那就根本别开始；如果你开始了，即使天塌下来也得完成；如果决定了，那就赶紧去做，别让任何人、任何事干扰你。如果你的“本我”已经做出决定了，事情已经板上钉钉了，那就孤注一掷吧，因为没有讨价还价的余地。

13. 要实践我所说的这个理论，你可以从小事做起，从那些你知道自己能掌控、能不断付诸努力再努力的事情做起。但你要牢记在任何情况下都不要让暂时的失败打败你的“本我”，而你终将发现你能够控制自己。要知道，许许多多的男男女女都悲哀地发现，控制自己，并不比管理一个国家更容易。

14. 当你学会了控制自己，你就会发现你的内在世界控制着外在世界，你将攻无不克，战无不胜，不费吹灰之力，所有的人和事都会对你的每一个愿望作出回应。

15. 这一结果并不是天方夜谭，只要你还记得：内在世界是由“本我”控制的，而这个“本我”正是“无限之我”的一部分，这个作为宇宙精神或宇宙能量的“无限之我”即是通常人们所说的“上帝”。

16. 以上并不是为了证明什么观点，也不是什么假设或者理论，而是一个所有的优秀人物最能接受的事实，不管是神学家还是科学家。

17. 科学家赫伯特·斯彭德说：“虽然我们四周有很多解不开的谜团，但是我们确定不移地相信，我们永远处于一种造就万物的无限而永恒的能量之中。”

18. 在班戈神学研习院毕业典礼上，神学家莱曼·艾博特作了致辞，他说：“我们越来越相信，上帝居住在人们内心之中，而非在外部操纵人类。”

19. 科学选择了一条狭隘的探索之路，半路上走不下去了。科学只是发现了无限而永恒的能量，然而宗教却发现了隐藏在这种能量背后的力量，并把它定位在人们的心中。但这种发现其实已经很古老了，语言平淡简朴的《圣经》上明确地记载着："你不知道你是上帝的神殿吗？"这句话很有说服力。这就是内在世界为什么拥有神奇的创造力的原因。

20. 这就是获得权力使我们成为人上人的秘诀。但是成为人上人还得借助其他的一些东西，而这绝对不是宗教所说的否定自我，那会和成功相距甚远，我们借助的是用自己的财富去帮助他人。没有收获就无法分享，我们如果本身就是弱势，也就无法帮助他人。宇宙精神是无限的，可以产生无限的财富，是一个永远不会破产的银行，而我们作为这个无限精神的代表，自然也不会一个子儿也没有。如果我们希望帮助他人，自己一开始就要拥有财富，多多益善。而我们必须学会分享这些财富才能获得更多的财富。总之，我们必须对他人有益。

21. 我们给予的越多，得到的就越多。我们应当成为宇宙精神释放活力的渠道。宇宙精神不断寻找释放活力的渠道——行善，故而它总是在寻找能让自己最好地被释放的渠道，如此才能得到最多的善，才能最大程度上帮助人类。

22. 如果你只看到、只关注于自己的安排、自己的目的，宇宙精神就无法通过你而有所作为。你要让自己躁动的感官平静下来，寻求内心的安宁，把精力集中在内在世界，专注于寻求与无所不能的宇宙精神合二为一。别忘了"静水流深"啊！你和这无所不在的能量之间的诸多精神联系，可以带给你无数的机会，但那些机会需要你的沉思来抓住，来抓牢。

23. 在头脑中清晰地预想未来的事件、环境、条件，而这些精神联系可以帮助你把设想的变成现实。要知道万物的精髓和灵魂，皆在于它们的精神层面，它们的精神是真真切切、确确实实存在着的，因为精神才是生命的全部。当精神离开肉体，生命也就消失了，没有了，像火熄灭了一样。

24. 精神活动是内在世界的活动，内在世界是“因”的世界；而所有外在世界的环境和条件，都是由内在世界产生的，它们都是“果”；因此，你就是创造者，创造就是你最重要的工作。你所能构想出的理想越高贵、越崇高、越伟大，这项工作也就越重要。

25. 工作没有节制，玩乐没有节制或者任何其他没有节制的身体活动都会让精神的热情降低、没有活力，而那些等着它完成的更重要的工作——去实现思考的力量——它就力不从心了，所以我们应当经常“宁静”下来。在“宁静”中我们得以休息，通过休息我们能恢复力量；当我们“宁静”下来，我们才能进行思考，而思考正是所有成就的奥秘。

26. 思考是一种运动形式，与光和电一样遵循振动法则。感情通过爱的法则给思考注入活力，思考的成形与现实化都遵循增长法则，它是精神“本我”的产物，所以它与宇宙精神相通，所以它的本质是神圣的、有创造性的。

27. 由此可知，很显然，为了获得权力、财富或实现其他有建设性的目标，首先必须唤醒心中的感情，然后情感才可以让思考成形。那么，如何实现这一过程呢？这是最关键的问题。我们应该怎样才能提高信念、勇气与情感来达到我们的目标呢？

28. 答案是：练习。获得精神力量和获得身体力量是一样的，都是通过练习达到的。我们思考一件事情，可能第一次非常困难，而第二次再思考同一问题的时候，就容易多了；而如果我们反反复复地思考同一问题，就成了一种习惯。也就是说，如果我们持续不断地思考同一件事情，到最后这种思考就变成自动的了，我们会自动去思考，最后思考的内容就活跃起来，我们将对它深信不疑：我们确定这件事就是那样的，我们打从心眼里知道它是对的。

29. 上周我让你学习放松，学习身体上的放松。这一周我要让你学习心理上的放松。如果你上周完成了我布置的练习，按照我说的每天练习了十五到二十分钟，那你一定已经学会了放松身体，如果你不能用意识迅速地使自己放松，你就还不能算是自己的主人。你尚未获得自由，你仍然受到外在条件的奴役。但我现在假设你已经完美地完成了上周的练习，那你就可以进行下一步了，也就是放松精神。

30. 这一周，像往常那样坐好，去除所有的紧张，完全彻底地放松，然后让精神赶走所有的不利因素，比如憎恨、愤怒、焦虑、嫉妒、羡慕、悲痛、烦躁、失望等。

31. 你可能会说你放不下这些东西，但实际上你能做到的。只要你默默地下定决心，主动而自愿，有毅力，你一定能做到。

32. 有些人确实做不到，其原因就是他们完全任凭自己被情绪而不是理智控制，而被自己的理智所控制的人必将成功。第一次尝试你可能失败了，但是，熟能生巧，做任何事情都是这样，不只这一件。不仅如此，你还必须成功地打消、彻底摧毁心中所有的消极且有毁灭性的想法，因为这些想法使你心中不断地产生不和谐的种子，抓住一切机会制造混乱，让不和谐的种子生根发芽。

> 我们心中的思想同外在世界息息相关，这是最不容置疑的事情，这是绝无例外的法则。正是这一法则，正是这种观念与客体之间的对应，使人们相信定有某种神灵存在，从古至今从来如此。
>
> ——威尔曼

问答录

什么是思考？

是一种精神能量。

思考如何运动？

通过振动法则。

思考如何获得活力？

通过爱的法则。

思想如何成形？

通过增长法则。

思考的创造力从何而来？

练习（因为它是一种精神活动）。

我们如何才能拥有信仰、勇气、热情，从而拥有成功？

认清我们的精神实质。

权力由何而来？

我们对他人有何用处。

为什么？

因为我们只能收获自己给予的。

什么是“宁静”？

身体的完全放松。

它有什么价值？

它是迈向掌控自我、成为自己主人的第一步。

第五课

激发潜在的能量

导　论

现在开讲第五课。仔细学习这一课以后你会发现，任何一种你能想得到的力量、物体或事件无一不是活动起来的精神的外化。

精神活动起来即为思想，而思想是有创造力的。现代人的思考方式可以和过去不同，故而，这是一个创造的年代，世界正在把最丰厚的奖赏赐给那些善于思考的人。

物质没有任何力量，它是不动的，毫无生机；而精神是能量，是力量，是用来改变物质的力量。精神塑造并掌控着物质，任何一种物质形式都只是思想的外化。

然而，思想并不像魔法师一样可以随意改变物质的形态，它遵循自然定律。它必须先让自然的力量动起来，释放自然的能量；它必须在你所有的行为中表现出来，然后在你的朋友和熟人中发生作用，最终影响你整个的生存环境。

你能够思考，而思考可以创造，所以你就能为自己创造你想要的东西。

本　论

1. 我们的精神活动至少有百分之九十是潜意识的活动，故而对于那些不懂得利用潜意识的精神能量的人来说，他们的生命就受到了很大的限制。

2. 只要我们知道如何指导潜意识，它能够并且必将为我们解决各种问题。潜意识无时无刻不在工作，唯一的问题就是，我们仅仅是被动地接受这种行为呢，还是要去主动指导它运作？我们是洞察未来、趋吉避凶呢，还是顺其自然、放任自流？

3. 我们知道，精神存在于身体的所有角落，而且很容易被引导或影响，显意识和更加重要的潜意识都可以轻而易举地做到。

4. 遍布身体各部分的精神在很大程度上是遗传的结果，但另一方面，这种遗传，又是世世代代的人们在各种生存环境中对永不停息的生命力的反应的积累。理解了这个事实，我们就能在发现自身有消极倾向的时候，让我们的潜意识和显意识登场。

5. 我们可以自主选择去发扬那些与生俱来的积极倾向，而拒绝、消灭那些消极的倾向。

6. 然后我要说，遍布于我们身体的精神也不仅仅是遗传结果，它也是家庭、事业、社会环境的结果，那里有无数的印象、观念、偏见和与我们自己的思想类似的各种想法，它们都影响着我们。大部分情况下都是他人影响我们，他人的意见、建议或断言，都能产生影响也有许多影响是我们自己的思考带来的，但所有这些影响几乎都被无条件地接受了，不经检查和盘问。

7. 这种说法有一定的道理：我们的意识接受了所有的这一切，把它们传递给潜意识，然后被交感神经系统吸纳，传递到我们身体的各个部分并把它们安置在那里，成为身体的一部分。这就是所谓的“吸收思想”的过程。

8. 这就是我们一直以来用以创造自我、改造自我的方式：今时的我是昔时的我思考的结果，而明日的我也将按照今日的我的思考而成形。这就是引力法则作用于我们的结果，它送给我们的不是我们喜欢的、想要的东西或者是别人的东西，而是我们自己。我们所有的潜意识和显意识的思考过程就是塑造我们自己的过程。不幸的是，我们都是被动地创造自己。

9. 任何一个人如果想为自己建造一所房子，他都会非常小心谨慎、缜密筹划，仔细地关注每一个细节，细心地检查并选择最好的用料。然而，当我们建造精神家园时却又是何等的漫不经心啊！要知道，精神家园远远比物质上的房子要重要得多，因为，我们用以建造精神家园的材料完全决定着我们整个的未来生活。

10. 这些材料是什么呢？我们知道，它是我们在以前的生活中积累并储存在潜意识里的所有的影响。如果那些是负面、消极、游移的恐惧、烦躁、忧愁、焦虑，那么，今时的我们用来建造精神家园的材料就是不健康的。这些材料不但没有任何价值，而且会使我们腐烂发霉，带给我们更多的焦虑、忧愁、劳苦。我们只好永远忙着去修修补补，好让它看上去至少还像模像样。

11. 然而，如果我们存储起来的都是激发人奋进的思想，如果我们总是乐观开朗、积极向上，把负面想法扔进垃圾堆，拒绝和它有任何关系，拒绝以任何方式与它接触，那结果会怎么样呢？我们的精神材料就是最好的，我们就有了理想的材料，我们可以选择最宜人的涂料，我们知道自己精神家园的墙壁牢不可摧，涂料永不褪色，没有什么脏乱的痕迹，没有什么修补过的痕迹，一切都非常体面，我们对未来毫无恐惧、焦虑之心。

12. 以上这些关于心理的论述都是事实，不是根据不足的理论，也没有任何猜测的成分。事实上，这些也没什么难理解的地方，这些道理简单到随便谁都能明白。我们所要做的就是清扫我们的精神家园，每天都清扫才能保持它的整洁。精神上的、道德上的和身体上的清洁对于我们的进步都是绝对不可少的。

13. 精神家园的清扫工作完成了的时候，我们就可以用建造精神家园剩下的材料来建造我们的理想或梦想了。

14. 有一处美好的家园等待我们去认领——广阔的田野、茂盛的庄稼、奔腾的流水和成荫的绿林，一望无垠，你看到的一切都将是你的。有一座豪宅正等着我们成为它的主人，它宽广怡人，里面有难得一见的壁画、丰富的藏书、华贵的帐幔，奢华而舒适。你想拥有它，使用它，只需要大胆地提出来就行了，因为你正是它等待的合法主人。你必须成为它的主人，因为“好农不废田，好主不荒原”嘛！你愿意是你拥有这些财产的唯一条件，使之荒废将视为自动弃权。

15. 在心灵和精神的领域，充满实实在在的力量的领域，你的确有这样一处家园。你是它合法的主人，只要你愿意，你就可以立即拥有并使用这份丰厚的财产。掌控环境的力量是它的产出之一，健康、安宁、财富就是你收入的资产。它赐予你安详与宁静，你所要付出的不过是费些力气去拿，不需要牺牲什么，你付出的只是你的缺点、软弱和被奴役的状态。它为你披上自尊的长袍，把权杖放到你的手上。

16. 要想得到这份家产，有三个必不可少的步骤：你必须真诚地渴望得到它，你必须说出你想要它，你必须去占有它。

17. 你得承认，这些要求并不苛刻。

18. 你们一定对遗传学有些了解，达尔文、赫胥黎、海克尔以及其他科学家搜集了如山的证据，说明遗传在生物进化中是一个定律。正是遗传使人类能够直立行走，把运动能力、消化器官、血液循环、神经系统、强有力的肌肉、骨骼结构等许许多多能力赋予人的身体。他们还说出另外很多更让你吃惊的事实，其一就是，其实精神力量也能遗传。所谓的人类遗传是这些的总和。

19. 有一种遗传的东西是科学家们没有研究的，这种东西比他们的研究要深奥得多，他们绝望地举起双手，认为自己无法解释亲眼所见的一切，因为他们发现这种东西掌控着所有的一切。

20. 在创世之初，仁慈的上帝敕令创造开始，它便从上帝那里一跃而下，直接进入每一个造物之中。它产生了生命，而创造生命是任何科学家都没有做到、也不可能做到的事。它在所有至高的力量中卓然独立，无物能及，人没有任何其他遗传的东西可以像它那样，没有什么可以与它并驾齐驱。

21. 这种无限的生命在你的身体里流淌，它就是你。它的大门就是你拥有各种能力的思想，打开这扇大门，你就找到了力量的宝藏，难道不值得你花一点力气打开它吗?

22. 这是一个很重要的事实：所有的生命和所有的能量都是由内在世界产生的。他人、环境、事件可能会提醒你哪里有各种机会，比方说什么地方什么东西供不应求，然而，如何利用这样的机会你需要有洞察力、气魄与能力，而这些都来自于内心。

23. 不过有很多跟这所家园外表相似的地狱，你要谨防：你要学会认清那来自于无限的源头的力量，也就是宇宙精神，要用它为自己的意识建造坚实的基础，因为你是按照它的形象造出来的，和它非常的相像。

24. 获得了这份遗产你必将获得新生，你会拥有以前从不敢奢望的力量，你将不再怯懦、软弱、犹豫、害怕，你将与全能的力量紧密相连。在你的心底会有一些崭新的东西升腾，它们与全能的力量紧密相连，你会猛然发现自己拥有了巨大的潜能，而从前对这些一无所知。

25. 这种力量来自于内在世界，而我们在获得这种力量之前必须先使用它。使用它是我们占有这份财产的条件。全能的力量采取了人的形式而化成了我们每一个人，而我们每个人都只是它转化成他物的一个渠道，如果我们不让这能量流淌出去，渠道就堵塞了，新的能量便无从注入。这在生活的每一个方面、每一种职业、每一个阶层中都是完全适用的。付出的越多，我们得到的就越多。一个运动员如果想要让身体更加有力他必须运用自己的力气，他越是付出、运用自己的力气，他的力气就越大。一个金融家如果希望自己的财富能够不断累积，一开始必须大量地投资，因为只有付出资金，资金才能给他带来收益。

26. 如果商人不卖出商品，他就不能购进；如果公司不拿出高效的服务，顾客就不来了；如果律师不给予有力的辩护，就没有人来找他了。事事如此。你自身已经拥有能量，但是如果不加以使用，就和没有一样。这个道理在所有的职业领域、任何生命历程中都完全适用，它同样也存在于精神领域中，而其中的精神力量是人类所有其他力量的来源。把精神拿走还剩下什么呢？什么也没有了。

27. 除了精神一无所有。实现所有的力量，无论是精神的、心灵的，还是物质的，都依赖于是否承认这个事实。

28. 所有财富都是心态积累的结果，或者具体说是心态的一种——金钱意识。心态就是那根神奇的魔杖，它使你接受观点，为你安排切实可行的计划。你在执行计划的过程中所得到的快乐，与你在收获成功时的满足感不相上下。

29. 现在，走进上一课的那个房间，坐在同一个位置上，保持和从前同样的姿势，从记忆中搜寻一个地方，那里有美好的回忆，然后在头脑中描绘一幅完美的精神图景——房子、土地、树林、亲朋、友谊等所有完美的东西。一开始，你会发现你想到了太阳底下所有的事情，就是找不到自己渴望全力以赴的理想，不要灰心，坚持就是胜利，你需要每天做同一个练习，不能间断。

问答录

精神活动有多少是潜意识完成的？

至少百分之九十。

潜意识这个广阔的精神宝藏利用得如何？

几乎完全未被开垦。

为什么没有开发？

没有多少人知道并了解人们可以用显意识去开发自己的潜意识。

显意识的主要特点从何而来？

遗传，从过去所有世代的积累中来。

吸引法则给我们带来了什么？

真正的自己。

什么是真正的自己？

内在的自己，我们迄今为止潜意识和显意识思考的结果。

我们用以建造精神家园的材质是什么？

我们的想法。

获得力量的奥秘何在？

认识到无所不能的宇宙力量无所不在。

那它在我们身体的哪个部位？

内在世界，所有的生命力和力量都来自那里。

如何才能拥有力量？

对现有力量合理运用。

第六课

心想事成

导 论

很高兴第六课开始了。在这一课中，你将有机会充分理解上帝创造的最神奇的一种机制，你可以用它为自己创造健康和力量，成功和财富，你还可以用它来创造任何其他你想要的东西。“没有”某种东西你就会想“拥有”它，想“拥有”它就要求你付诸“行动”，你的“行动”会带来你想要的“结果”。正是这一从古至今的演变过程把我们的今天变成明天。个人的发展与宇宙中其他任何事物的发展一样，是一个循序渐进的过程，虽然缓慢，但产出能力和摄入能力的增加却一刻都不曾停止。

众所周知，如果我们侵犯了他人的权利，在道德方面讲，我们就像是变成了荆棘，在人生路途的每一个重要转角都会被自己扯后腿，所以我们必须学会一个道理：成功取决于人类最崇高的道德理念——“为最多的人谋求最大的幸福”。

梦想、渴望及稳定和谐的人际关系会帮助你取得你想要的“结果”，成功最大的障碍是陈旧而难以改变的错误观念。

要与永恒的真理合拍，我们的心灵就必须保持镇静与和谐，而要获得智慧，就必须同传授你智慧的人步调一致。

思想来源于心智，而心智具有创造性。心智具有创造性并不意味着宇宙中其他事物会因此改变其运行方式来迎合我们，而是说我们能够借心智的创造性同宇宙中其他事物保持和谐的关系，有了这种和谐的关系，我们才有资格去要求我们值得得到的东西，而且会轻而易举地得到它们。

本　论

1. 宇宙精神奇妙莫测，人无从了解它能产生多少种结果，带来多少利益、多少可能。

2. 我们发现，这种宇宙精神不仅仅是一种精神上的智慧，它也是物质。那么，宇宙精神的这两种状态下的形态各是什么样的，如何区分？我们又如何确保一定能够获得我们想要的结果呢？

3. 如果向电学家请教电有什么用，他会告诉你："电是一种运动的形式，它的用途取决于它和什么电器结合。"而选择什么样的电器，就看我们想要的是什么了，是热、光、力、音乐，还是可以由这种强大的能量转化成的其他能量形式？这种能量转化真是令人赞叹。

4. 思想有什么用呢？答案是：就如风是空气的运动一样，思想是精神的运动，思想的用途完全取决于和它结合的"电器"——思维机制。

5. 这就是一切精神力量的奥秘之所在，它完全取决于我们的"电器"——思维机制。

6. 那么什么是思维的"电器"——思维机制呢？你应该知道一些电学奇人，如爱迪生、贝尔、马可尼等人发明的电器，它们打破了时间、空间和地点的限制，使这些都成了谈笑间的数字。而你可曾停下来仔细想过，那发明你的“电器”的发明家，远比爱迪生更伟大:他把这种“电器”——思维机制赐予了你,让你用来转化那种“宇宙中无所不在的潜在力量”。

7. 耕作的时候，无论用哪种工具，我们都习惯于察看一下它的机械原理,开车的时候,我们也总是想知道汽车到底是怎么开起来的。然而，绝大多数的人却完全无视有史以来最伟大的机制，那就是人的大脑。

8. 让我们来仔细研究一下这种机制的神奇吧！这种机制可以产生无数的神奇，研究完之后我们也许就能领悟了。

9. 首先，有一个宏大的精神世界，我们生活、活动、存在于其中。如同上帝一样，它无所不能、无所不知、无所不在，它对我们的渴望做出回应，它回应的强度与我们的信念和目的的大小完全成正比。我们的目的应该与人类的根本法则相一致，也就是说，我们的目的应该是创造性的、建设性的。而我们的信念应该足够强大，可以产生足够的力量让我们去实现自己的目标。“你的信念有多大，你就有多大。”历史已经验证了这句话的正确性、准确性。

10. 外部世界中产生的各种结果都依靠个人与宇宙精神之间的作用与反作用，也就是依靠我们所谓的思维过程。人脑是思维的机能，想想人脑的神奇吧！你喜欢音乐、鲜花和文学吗？你的心灵是否会因古今天才的思想而激荡呢？请记住，每一种你能感知的美，都必定已经先在你的大脑中有了能够与之沟通的前提。

11. 在自然的宝库中，没有任何一种美德或理念是大脑不能表现的。大脑就像是世界的胚胎，它在任何需要的时候都能够发展成形。这是科学真理，是自然界最令人赞叹的法则之一，如果你能这么想，理解起那能创造各种丰功伟业的思维机制来，就没有什么费力的了。

12. 神经系统常被比喻成电路，它有可以产生能量的细胞做电池，而神经纤维就像绝缘电线一样传递电流。所有的冲动和渴望都在这个体系中运行。

13. 脊髓是巨能发电机，也是感官通道，大脑与身体其他部分的往来信息都通过它来传递。而血液在血管里流淌，不断供给我们能量和气力，我们的整个身体都靠这完美的结构才得以存在。最后，是我们细腻、美丽的皮肤，它像一件美丽的斗篷覆盖着我们的整个身体。

14. 身体是“人间之神的宫殿”,而个体的“我”可以掌管这神殿，个人的一切成就都取决于他是否能够参透这在自己掌控之下的结构。

15. 思考使脑细胞活跃起来。刚开始，脑细胞中的相应物质会拒绝对思考作出回应，但如果思考足够细密、精力足够集中，这种物质最终会屈服，并且被完全激活。

16. 心灵的这种影响能够对身体的任何部分起作用，可以去除一切你不想要的结果。

17. 如果你能够完全了解并理解精神世界的运行法则，那么在商业活动中你就有了难以估量的优势。理解了精神世界，你就有了洞察力，并能更好地理解和评估外在世界的各种现象。

18. 那些从内在世界而不是外在世界寻找力量的人可以完全掌握这种强大的力量，而这力量才是他的生命旅程的决定力量，能给他带来这世间最美好、最牢不可摧、最令人向往的一切。

19. 培养精神的力量，至关重要的一个环节或许莫过于全神贯注、毫无杂念。只要操作得当，意念的集中带来的各种神奇效果，对于那些对此毫无了解的人来说简直是天方夜谭。对集中意念这种能力的修炼是所有成功人士，无论男女，与常人的差异所在，也是作为个人所能获得的唯一的至高成就。

20. 如果把意念的集中比作放大镜就容易理解多了。放大镜可以聚集阳光，如果放大镜动来动去，阳光就不能集中，那它就几乎什么力量都没有。但如果把放大镜拿稳，把阳光集中于一点，过一会儿马上就可以看到效果。

21. 思维的力量同样如此。想东想西，精神力量就无法集中，自然也就不会有显著的成就。但如果能全神贯注，把意念集中于一个目标，假以时日，没有什么事是不可能的。

22. 有些人可能会说，你说了这么多费解的内容，其实做起来很简单嘛！好，你可以自己试一下，因为你根本不曾有把意念集中在一个特定的目标或物体上的经历，所以你不知道这有多难！随便选一个物体，心里想着一个特定的目的，把精力集中在这个物体上，你肯定十分钟都做不到。你会走神十几次，每次都必须再把游走的精神拉回到起初的目标上，每次的效果都化为乌有，十分钟过去了，什么收获都没有，原因就是你没能把思想稳稳地集中在这个目标上。

23. 然而，通过意念集中，你便能克服人生道路向前和向上的过程中出现的任何障碍，而获得这种神奇的能力的唯一方法就是实践——所谓熟能生巧，不只这件事如此，任何事情都是这样。

24. 为了锻炼集中意念的能力，你可以每天拿同一张照片，以同样的姿势坐在同一个房间的同一个座位上。至少用十分钟仔细观察这张照片，仔细观察照片上人的眼神、容貌、衣饰，还有那错落有致的头发。也就是说仔细观察照片上的每一个细节。然后，盖住这张照片，闭上眼睛，试着用心灵去看这张照片，如果你能把每一个细节看得清清楚楚，脑海中重现了这张照片，丝毫不差，那么就要恭喜你了。如果你做不到，那就重复这个过程，直到你成功为止。

25. 这一步只不过是休整一下田地，下一周我们才能播种。

26. 你只有通过这样的练习才能学会控制自己的心态、态度和意识。

27. 大金融家们都越来越喜欢过避世的生活，这样他们就能有更多的时间进行规划，进行思考，培养正确的心态。

28. 古今成功的商人都证明了这样一个道理：接触和了解其他成功商人的思想是大有裨益的。

29. 一个点子可能会价值连城，而这些点子只会被那些思想开放的人碰到。随时准备好去接纳这些点子，是成功人士的心理模式。

30. 人们不断学会与宇宙精神保持一致，他们不断学习与万物和谐相处，学习思维的基本法则和原理，而这些正在改变环境，使成就呈几何式增长。

31. 人们发现，环境和境遇随着精神和心灵的发展而变化。他们发现，成长必须得有知识，行动必须有动力，洞察力才能带来机遇。他们发现，一切总是从心灵开始，只有心灵的力量才能带来无穷无尽、无休无止的各种可能的成就。

32. 个人不过是宇宙精神分化的一个渠道，因此各种可能的成就必然是无穷无尽的。

33. 思考是吸取精神能量的过程，一定要把获得的这种精神能量牢牢地锁在心里，直到它完全成为我们意识的一部分。通过坚持不懈的练习，本书所阐述的基本方法可以让你获得这种精神能量，而这种能量就是能够打开宇宙真理宝库的万能钥匙。

34. 人生在世的两大苦难是肉身上的病痛和精神上的焦虑，而这两者的原因可以归结为违背了自然法则。这种违背，毫无疑问，是因为人类的知识至今仍不完备，然而，古老的岁月里积聚的阴云正在散去，而由于知识不完备而导致的种种悲苦也必然会随之逝去。

人可以改变自己，提高自己，重塑自己，掌控环境，把握命运。凡能清楚地意识到正确的思想可以对行为起到何种建设性作用的人，都能得出这个结论。

——拉森

问答录

电有什么功能？

发热、发光、产生机械能、播放音乐等。

电的各种功能靠什么实现？

通电的电器。

个人心灵和宇宙间他物作用和反作用的结果是什么？

个人的环境和经历。

如何改变环境？

改变宇宙精神的另外一种存在形式，一种“电器”。

这个“电器”是什么？

人的大脑。

如何改变人的大脑？

通过所谓的思考。思考增加脑细胞，新增加的脑细胞可以对宇宙精神的思考产生回应。

集中意念的能力价值何在？

它是唯一可能的、最高的个人成就，是所有成功人士，无论男女，之所以与众不同的特质。

如何才能拥有集中意念的能力？

完全按照本书所讲的方法进行练习。

为什么必须完全按照本书所讲的方法进行练习？

只有这样，我们才能掌控自己的思想，而既然思考是改变环境的原因，通过思考的“因”我们就能取得改变环境的“果”。

在客观世界里，是什么改变了环境和一系列结果？

人们所掌握的可以重塑自己思想精神的基本方法。

第七课

构建未来的蓝图

导 论

所有世代的人们都信仰一种无形的力量，它，通过它自己，创造并不停地再创着万物。

当这种力量被人格化，它便成了上帝，或者我们可以认为它是一种精髓或精神，一种万物皆有的精髓或者精神。但不论是上述哪一种情况作为前提，其推论出来的结果都是一样的。

就个体而言，它分为两部分：客观的有形物，或者称为身体，包括躯干、大脑和神经系统，都能被感知，可以通过感官来认知；而主观的精神，无形而不可感知。

人的身体拥有意识可以认识自己，因为它是感官的实体。不可感知的主观精神，尽管与身体等其他造物一样，有着与它们一样的性质，但却不能意识到自身的存在，所以被称为“潜意识”。人的身体构造，与上面的“潜意识”相对可称为“显意识”，拥有意志力和选择的能力，所以可以进行甄别筛选，从而找到解决难题的最优方法。而不可进行自我感知的无形物，或者说精神，虽然是一种一切力量的起源或源泉，却无法进行这样的选择。但是，另一方面，它可以支配“无限”的能量。通过人类显意识的心灵所不能理解的方式，可以并且实实在在地产生了效果。

这样，你要依靠自己错误百出又“有限”的个人意志，还是依靠可以创造“无限”可能的潜意识去迎接自己的成功呢？这得看你自己了。接下来我要对这种神奇的力量作出精确的阐述，只要你能理解它，欣赏它，认同它，这种奇妙的力量人人都能掌控。

第七课将详尽地阐明，如何才能自觉地利用这种无所不能的奇妙力量。

本 论

1. 构想，是一个在头脑中创造生动的图景的过程，这种图景就是你的未来的雏形，你的未来会在你的蓝图上发展成形。

2. 设计一个明确的蓝图，一个美丽动人的蓝图，不要放不开，构想一个尽量宏大的蓝图。请记住，除了你自己没有任何人能够限制你的蓝图有多大，有多美。也请记住，蓝图不需要成本，也不需要什么建筑材料。你有无限的成本和材料，你只需发挥自己的想象力去建筑它。记住：要想成就现实的成功，必须先让它在你的精神中成型。

3. 这个蓝图必须清晰、鲜明。用你的心灵去紧紧地抓住它，这样你必将一步一步走近它，你定能成为“你想要做的自己”。

4. 众所周知，上述理论是另一个心理学方面的定论。但是很不幸，如果你没有目标的话，只是读一读不会把你需要的蓝图给你带来，而且，就算你有，只是读一读的话，也不能帮你实现你的目标。努力是必需的材料——付出心血，艰辛的精神劳作，而我们很少有人愿意付出这样的努力。

5. 如上所述，第一步是“未来理想化”。这是最重要的一步，因为理想是你建筑的蓝本。必须坚定地坚持自己的理想，必须持之以恒。当建筑师设计一个三十层的高楼时，他必须预先描画好包括每一根横梁在内的每一个细节。当工程师设计一种机器时，他首先必须弄清如何才能驱动无数的部件。

6. 在走出第一步之前最终的结果就已经能够在他们的头脑中清晰地显现出来了。同样，你想要得到什么，就必须首先在脑海中描绘出你想要的东西。就像播种——在播种之前，你必须提前知道会收获什么，这就是所谓的“未来理想化”。如果你不能确定自己想要什么，那么，每天都反复地去思考这个问题，直到这幅画清晰明了为止。日复一日地思考，它终将慢慢展开。一开始会是一个非常模糊的大致轮廓，但是它会慢慢地成形，轮廓将会渐渐明了，然后细节慢慢清晰，这样，你设计未来的能力就会慢慢增长，而这清晰的蓝图最终会在客观物质世界中变成现实。你会清晰地意识到那遥远的未来是什么样子的。

7. 下一个步骤是“途径明确化”。做到了上一步，你应该会越来越完整地看到自己的未来，包括目标的每一个细节。当目标的细节在你面前呈现，去实现这些细节的方法将会不停地涌现。接下来的事情是一环套一环的，有了想法就付诸行动吧，在做的过程中你会增长才干，才干会给你带来朋友，而朋友多了会改变你的环境。这样，第三步，即“理想现实化”，就大功告成了。

8. 我们都知道，成为实体之前的宇宙必定已经预先存在于上帝的理念中了。而如果我们愿意步这个伟大的宇宙建筑师的后尘，我们就会明白，我们的思想的形成与宇宙的形成非常相像。个体精神的运转与宇宙精神是同步的、统一的，无论种类还是性质都是如此，唯一的差别只是程度不同而已。

9. 建筑师在头脑中构建自己的房子，他想让它是什么样的，它就会是什么样的。他的头脑是一个可塑的模具，整个房子以它为雏形。不管是高楼大厦还是低矮的平房，是美轮美奂的还是平淡朴素的，他的想象落实在图纸上，然后人们才会用必需的材料，去最终建成一座完整的房子。

10. 发明家也完全以同样的方式进行构想。例如，有史以来最伟大的发明家之一尼古拉·泰斯拉，他拥有无尽的才智，创造了最令人称赞的发明，他在发明任何东西之前，都会事先构想好，他不会草率地发明一个东西然后再慢慢地去改良。他一开始就在头脑中先设计好一个理念，在他的头脑中清晰地展现，在脑海中对之进行改进或者重建。他在《电学实验者》中写道："用这种方式，我得以不碰任何东西就能迅速地发展并完善一种构思。当我已经设计出我所能想到的所有的改良并觉得已经完美无缺的时候，我才把我想到的结果做成实物。我的发明到底行不行都与我事先所设想的完全一样，20年来无一例外。"

11. 如果你认真地沿着我指明的方向前进，你就会拥有信念，这种信念是"所求之物的本质，未见之事的明证"①；你将拥有自信，这种对未来的自信会带给你毅力和勇气；你将拥有集中意念的力量，排除一切杂念，把思想集中在目标及其相关的事物上。

12. 这是一条法则：思想可以成形，那些知道如何掌控自己思想的人是超凡的，只有他们才能够称得上是命运的主人，对命运发号施令。

13. 只有在头脑中不断地重复你的蓝图才能使其保持清晰明了、明确无误。每一次重复都会使蓝图比上一次更加清晰，更加明确，而其越清晰明确就越能在现实世界中成形。你必须在你的精神世界——或称内心世界——中把它建得牢牢的、稳稳的，这样它才能在现实世界中成形。而且即使是在精神世界中，如果没有适当的材

① 这是圣保罗说的。也就是说，这种信念会带给你你希望的东西，而且只有它有这种能力，这种信念让你相信现在看不到的东西。——译者注

料你也构建不出什么有价值的东西。有了材料你就能构建任何你想要的东西，但是必须得先有好材料，就像你不可能用旧羊绒织出细呢料一样。

14. 你大脑中数百万默默劳作的工人会把你所需的材料制造出来，并把按照你头脑中的蓝图建造。

15. 想想吧，你拥有五百万这样的生产工人，他们整装待发，随时准备投入工作，他们就是你的脑细胞。除了这些工人，你还有另外一股预备军，它们数量比脑细胞更多，至少不比脑细胞少，他们也随时准备去满足你最微不足道的需要。你思考的能力是无边无际、无穷无尽的，这就是说，你创造改变外部环境所需的材料的能力同样也是无边无际、无穷无尽的，你可以创造出任何你渴望拥有的天地。

16. 除了大脑中的数百万的生产工人之外，你身体中还有数十亿的精神生产工人，他们每一个都有足够的智慧去理解接收到的任何信息或指示，并付诸行动。他们不停地创造并重新创造着你的身体，而且，除此之外，他们还能进行一种精神活动，把进一步完善和发展所需要的物质聚集在自己周围。

17. 任何生命都需采集生长所必需的材料才能得以生长，这些工人也遵循同样的法则，采取同样的方式。橡树、玫瑰花和百合花都只是通过自己无言的要求来获取使自身完美呈现的物质材料，而这种无言的要求，即吸引法则，也必然能够确保你一定能够得到自己完美发展所需要的任何材料。

18. 构建你的精神蓝图吧—— 一幅清晰明了、完美无缺的精神蓝图。只要你牢牢地抓住它，实现它的方法和途径会自动现身的，因为满足需求的条件是随着需求一起诞生的。蓝图将引导你在适当的时间用正确的方式去做应做的事情。“真切的渴望”会带给你“自信的规划”，而这些反过来又必须由“坚定的渴求”来进一步加强；

这三者将必定带给你“辉煌的成就”,因为“真切的渴望”说的是动机,“自信的规划”说的是思维，而“坚定的渴求”说的是意志，正如我们所了解的那样，动机为思维增添活力，而意志则能使思维坚定不移直至自然增长法则使愿景成为现实。

19. 人的自身拥有如此巨大的力量，这是一种超能力。如果他自己对此却一无所知，这难道不荒唐吗？难道一直教导我们要在“外部世界”中寻找力量和能力的说法不荒谬吗？我们被教导去从自身以外的地方寻找力量，而当我们自身的这种力量的的确确在生活中得以展现的时候，人们却说，这不是真的。

20. 有许多人认识到了这种奇妙的力量，也很认真悉心地去努力获取健康、权利等，但似乎都失败了。他们似乎不能让法则生效。这种情况中的问题几乎全部在于他们的重点放错了，他们专注的是外在的东西，他们渴望金钱、权力、健康、财富，却不知道这些都是“果”，而只有找到“因”才能有这些“果”。

21. 那些对外部世界不屑一顾的人专注地探求真理，寻求智慧，而智慧在他们的思维和决心中展现，才会打开所有力量的源泉，最终为他们创造出渴求的外在境遇，而这智慧的真理只在高尚的事业和勇敢的行动中才表现出来。

22. 撇开外部环境不要考虑，只在内心中设计你的理想蓝图，只要内在世界美丽富饶，外在世界自然会展示和表现出你内心的蓝图。撇开外部的环境，你才能拥有创造理想的力量，而这些理想会像投影仪一样最终在客观世界中投射出结果。

23. 举个例子，比如有个债务缠身的人，不停地想着他的债务，把所有的精神都放在了他的债务上。而他的这些想法的唯一的结果就是，他不仅仅使自己被这份债务套得更牢，而且还招来了更多的债。他应用了吸引法则，而不可避免的结果就是通常所谓的“损者益损”。

24. 那么，什么是正确的方法呢？那就是：关注你想要的东西，而不是你讨厌的东西。想想自己富足了之后会怎样，想想什么是让富足生效的理想方法和计划。把富足所能带来的生活清晰地描绘出来，这样富足就会成为现实。

25. 如果吸引法则会给那些总是关注贫穷和恐惧的人带来贫穷、匮乏和其他不利情况的话，那么，这个法则也同样必然会给那些关注勇气和力量的人带来富裕和丰饶。

26. 对于很多人来说这个难题都很难解决。我们焦虑不安，动辄焦躁、恐惧、失落。我们想有所作为，想对人有益，但是，我们像是一个在土里埋了颗种子的孩子一样，每隔十五分钟都要跑去把土挖开看一看有没有长。毫无疑问，在这种情况下种子是不可能发芽的，而这正是我们当中的许多人在自己的精神世界中在做的事情。

27. 我们必须播下种子，也必须不去老动它。但这绝不意味着我们可以在地上一坐什么都不做了。我们必须要比以前更加努力，只有这样，新的方法才能不断涌现，新的大门才会为我们敞开。我们所需要做的事情只是敞开我们的心扉，随时准备时机一来马上采取行动。

28. 思维的力量是获取知识最强大的武器，无论把注意力集中在什么学科上，都能解决知识不足的问题。人的理解能力是无所不能的，但若想驾驭思想的力量，让它听从你的指挥，努力是必不可少的。

29. 请记住，驱动命运之轮的蒸汽是由思维的火造出来的，你生活中的所有好坏都取决于这团火。

30. 问自己几个问题，然后静静地等待自己回答这些问题。你有没有时常感觉到那个回答问题的自己经常出现，与你同在？你能否让那个自己彰显出来，还是你要像大部分人一样压抑那个自己？记住，大众是被领导的，只有少数人可以领导别人。你要知道，当蒸汽机、动力织布机以及其他所有先进的和改良的发明刚刚被人提出来的时候，奋力阻挠其问世的正是大众。

31. 这周的练习是在头脑中想象你的一个朋友。你看着他，他跟你上次见到他的时候完全一样，看那房间、家具，你们在聊，你看他的脸，他的脸上每一个细节都那么清晰。现在，跟他谈论一个你们两个都感兴趣的话题，他的表情变了，你看到他笑了。做到了吗？好的，你做到了。然后做一件让他感兴趣的事情，跟他讲一件冒险的经历，你看到他的眼睛里闪出开心或者兴奋的光。你做到了吗？如果做到了，那么你的想象力真的不错，你正在大踏步地进步。

问答录

什么是构想?

在脑海中创造生动的图景的过程。

这种思维方法会带来什么结果?

注视我们心灵创造出来的图景或者蓝图，我们就必定能拉近它和我们自身的距离。我们希望自己是什么样就会变成什么样。

什么是“未来理想化”?

是构思理想，或者把终有一天会在客观世界实现的理想蓝图构思出来的过程。

为什么这蓝图必须清晰、明确?

因为只有清晰地看到，才能想得到;只有想得到，才能真的得到。第一步是精神方面的，第二步是情感方面的，第三步就是无限可能的成就了。

如何做到清晰、明确?

重现你的蓝图，每一次重现都会使这个蓝图比上一次更加明确。

精神蓝图的建筑材料由何而来?

数百万的精神生产工，叫作脑细胞。

保证能将理想在客观世界现实化的必要条件是什么?

吸引法则，这种自然法则创造所有的境遇和经历。

利用该法则有三个必要的步骤，是什么？

“真切的渴望”“自信的规划”“坚定的渴求”。

为什么很多人都没有用好这个法则？

因为他们专注的是失败、疾病和灾难，而该法则的运作从无差错，他们专注自己害怕的事情，害怕的事情自然就产生了。

那么我们应该怎么办呢？

专注于你想得到的、想在生活中实现的理想。

第八课

插上想象的翅膀

导 论

在本课中你将学会一件事：不管你选择什么来思考，思考的结果却都遵循一个铁的法则！如果说我们的生活并不是被各种飘忽不定的偶然性所主宰，而是符合规律的，这是不是很奇妙？这种稳定是一种机遇，因为只要遵从这个法则我们就能准确无误地获得我们想要的结果。如果不是因为有了这个规律，那么宇宙就是一片杂乱不堪，而不是一个统一体了。

这是“善”“恶”之源，过去、现在、未来的所有“善”“恶”在这里还没有分化。

让我来具体说明一下。思想是行动之源，如果思想是和谐的、有建设性的，那么结果一定是“善”的；如果思想是不和谐的、有破坏性的，结果一定是“恶”的。

故而，只有一个法则、一个规律、一个总因、一个“力量之源”。“善”“恶”不过是造出来用于描述行为结果的词语，或者说，只是用来表示我们是否遵从这一法则所带来的结果。

遵循这一法则的重要性可以从爱默生和卡莱尔的生活经历中得到说明。爱默生热爱所有“善”的东西，结果造成他的一生是一首宁静而和谐的交响乐；而卡莱尔憎恨所有“恶”的东西，结果他的一生记录的都是无尽的嘈杂和不和谐。

这两位伟人，他们都致力于实现同一个理想，但一个使用了建设性的思考方式，故而与自然法则和谐一致，而另一个则采纳了破坏性的思考方式，故而给自己带来了无尽的烦恼和不宁。

所以很显然，我们不应憎恨任何东西，即使是“恶”，因为恨是有破坏性的，听完这堂课你就会明白：怀有破坏性的思考方式就好比播下“风”的种子，收获的将是摧毁性的“暴风”。

本 论

1. 思想遵循一个最重要的法则：它是创造宇宙的源泉，而就“相似相融”的法则来说，它总会与和它类似的思想结合到一起。

2. 因为生命的总体目标就是生长，所有生命的法则一定是为了保障实现这个目标。而思想也要发展，通过生长法则最终成形、成熟，得以被明确地彰显出来。

3. 你可以随意地选择你要思考什么，但是你思考的结果是什么都遵从一条铁的法则——所有的想法，只要重复多次，就一定会在个人的性格、健康和生活境遇中产生某种结果。故而，能否找到一种方法就是一件非常重要的事情了，通过它，我们可以用有建设性的思维习惯代替那些对我们不利的思维习惯。

4. 我们都知道，要改变精神习惯不太容易，因为精神习惯很难捉摸，很难掌控，但还是能够掌控的。方法就是“现在就开始做”——从现在开始就让那些有建设性的思想代替那些有破坏性的思想。形成一种对自己的思维进行分析的习惯，看看这些想法是不是必要，是否会带来客观的利益——这里说的利益不仅针对你自己，而且还包括身边所有相关的人。如果答案是肯定的，那么，保留它，珍惜它，因为它有价值，是与“无限”协调一致的，它能够生长、发展，结出的果实一茬儿又一茬儿，源源不绝。另一方面，你最好能够牢记乔治·马修·亚当斯的名言 :“记得关上你的大门，如果你不能预见某个东西能给你的未来带来好处，一定要把它关在你的心灵、你的办公室、你的世界之外。”

5. 如果你的思想有腐蚀性或破坏性，而且给自己的生活带来了某种混乱与不和谐，那么你就很有必要培养一种有益的心态来思考了。

6. 想象力对心态的改变大有裨益，丰富的想象力可以带来美好的理想，而你的未来，都是以这些理想为基础发展起来的。

7. 想象积聚起原料，而后你的精神把这些原料织成布料，然后这些布料就可以被裁成华衣锦服——而这就是你的未来了。

8. 想象是一道光，一道可以照亮全新的思想和现实世界的光。

9. 想象又是一个强大的工具，所有探索新领域的人，所有创新的人，所有发明家，都是借助这一工具才能把过去所没有的东西变成现实中的东西。“过去”说 :“这不可能。”“现实”说 :“已经做出来了。”

10. 想象力具有塑造能力，它把思想改造成新的形态并塑造新的理想。

11. 思想有了建设性就成为想象力，所有有建设性的活动，都以想象力为先导。

12. 建筑工人必须从建筑师那里拿到建筑设计图才能开始建造房屋，而建筑师的设计图都是依靠他的想象力创造出来的。

13. 很多工业大亨都拥有由上百个小公司组成的集团，有数千的员工、上百万的资金，但是这些必须首先在他的想象中成形，否则一概免谈。物质世界中的事物对于伟大的头脑来说如同陶工手中的泥，真正的伟业都是由伟大的头脑通过想象力造就的。为了培养想象力就必须锻炼想象力，因为与身体的肌肉一样，精神的“肌肉”

也需要锻炼才能加强。同时，它还需要充足的营养，否则也不能收到效果。

14. 不要将想象和幻想混淆，幻想是白日梦，很多人沉迷其中不能自拔。白日梦是一种精神的浪费，终将给精神带来灾难。

15. 有建设性的想象就是精神劳动，有人认为精神劳动是最辛苦的劳动。但是，正因为它辛苦，它的回报也是最丰厚的。生命中所有最美好的事物都赐给了那些有能力思考、想象并努力使自己的梦想变成现实的人。

16. 精神无所不能、无所不知、无所不在，只有精神才有创造的能力，而你可以运用自己的思考让自己和无所不能的力量保持一致、实现和谐——如果你能真正意识到这些事实，那么你就在正确的道路上前进了一大步。

17. 下一步，就是准备好去获得这种能量。既然这种能量无处不在，它一定也在你的内在世界中。我们知道，我们自己所有的能量都是从内在世界向外流出的，但是这种能量需要锻炼、需要发掘、需要培养。为了做到这些，我们张开自己的心灵，接纳它，而就像锻炼身体才能强身健体一样，这种接纳能力也是需要锻炼的。

18. 吸引法则准确无误地把相应的生活条件、生活环境、生活经历带给你根据你特有的习惯性的主要心态，可不是根据你偶尔在教堂中的祷告，或是读一本好书时的心态。真正决定这些的心态，是你“占主导地位的心态”。

19. 如果一天中你有十个小时都沉浸在软弱、有负面影响的想法中，而只有十分钟的时间在思考强大、积极、进取的事情，想得到美妙、强大与和谐这些东西简直就是痴人说梦。

20. 真正的力量来自于内心。人们所能使用的所有力量都是人的内在力量，而内在力量在等待着你去发现它，去认识它，去认领它，去把它注入你自己的意识中，把它和你合二为一。

21. 人们都希望自己健康，而很多人把健康理解为多锻炼、生活规律、吃特定做法的特定食物、喝大量特定温度的白开水、不喝酒，认为做到这些就能健康。但是这种方法带来的结果实在是微乎其微。不过，当人们认清事实，并深刻地理解自己和所有的生命的共同的本质，他就会发现所有能量的源泉，而自己会变得耳聪目明、腿脚便捷、充满青春的活力。

22. 所有的错误都根源于一个错误，那就是无知。知识会使你的能力增长，而这种能力是决定你成长和进步的因素。运用获取的知识就是这种能力的全部内容，这种能力是精神能力——所有的事物都有的潜在能量，它是宇宙的灵魂。

23. 知识是人类思考的结果，故而，思考才是人精神进化的种子。如果一个人不再思考，不再有新的理想，他的力量立刻就开始瓦解，他的相貌也将随之改变。

24. 成功人士都牢牢抓住自己的奋斗理想，并把这当成自己的主要任务。他们总是把向理想迈进的下一步牢牢地记在心里。他们用思考在想象里构建自己的理想以及实现理想的一个个步骤。精神是他们永不停息的力量，帮助他们抓住周围的环境、周围的人，去建造成功的阶梯，而想象力是所有伟大事业的子宫。

25. 如果你对自己的理想足够忠诚，当适宜实现你的计划的环境出现时，你将听到召唤。成功与否、成功到何种程度与你对自己理想的忠实度画等号。坚定不移的理想是成功的前提，并给成功带来它所需要的条件。

26. 坚定地坚持你的理想吧！这样你才能把自己的整个生活之网编织成精神与能量的锦衣华服，免受伤害，过上快乐的生活。所以说，你自己——正是你自己——就是积极向上的能量，只有你自己才能将富足与和谐吸引到自己的身边来。

27. 对自己理想的绝对忠诚就是普遍存在于人的精神世界的酵母，所有环境中随处可见的骚动不安的解决都取决于它的力量是否能充分发挥出来。

28. 在上一课，你学会了如何在头脑中构建情景，它本没有在你眼前你却能历历在目地真切地看到它。这周我要让你拿一件物品，追溯它的历史，看看它是如何变成现在这副样子的，看看它最初到底是什么。这个练习有助于培养你的想象力、洞察力、感知力与理解和比较的能力。这不是一般人肤浅的观察，而是细致的分析和观察，可以透过事物的表面直达本质。

29. 只有少数人明白所有肉眼所能看见的都只是结果，明白这些结果之所以存在的原因在哪里。

30. 仍然像以前那样坐好。现在想象一艘战船。你看到这个可怕的怪物漂浮在水面上，看不到一个人，也没有任何动物，一切都如此寂静。你知道这艘船的水下部分你是看不到的。你知道这艘船高得像二十层的大楼，也有像那栋楼那么重的吨位。你知道数百人整装待发，准备执行命令。你知道船的每一部分都有训练有素、技巧娴熟、称职能干的军官指挥，他们早已通过历经百战证明了自己绝对能做好分内的事。你知道它尽管看起来已经被世界遗忘，但它的耳目注视着周围几英里以内的每一件东西，任何东西都逃不出它敏锐的眼睛。你知道尽管它看起来静悄悄的、温柔顺从、与世无争，但它随时准备发射数千磅的钢弹，重创几英里以外的敌军。以上所说你都能毫不费力地想到。然而，这艘战舰是怎么到这儿来的？而且，最重要的是，为什么会有这么一艘战船？如果你够细心，用心灵仔细地观察它，所有这一切你都会想知道。

31. 退后一步，你看到造船厂在加工钢板。看，有数千人在生产线上。再退后一步，你看到是在矿山上采掘铁矿石，后来铁矿石被运上货车或者火车车厢，然后被熔化了，经过一道道的程序。让想象引领你去追溯为什么他们计划建造一艘大船。现在你回到战舰还看不见摸不着的时候了，它仅仅存在于工程师的头脑中。但是，是谁下令建造这艘巨轮的呢？也许是国防部的命令。但更有可能的是，并没有什么战争，不过有人设计了这艘战舰，国会又被迫通过了拨款提案，有人反对，有人支持，还有他们陈述理由的国会陈述。这些国会议员代表谁呢？他们代表你和我。分析战舰一路寻根竟然到了我们自身，由此可知，将分析进行到底的话，我们都会发现，我们自身的思想是所有问题的原因，但这却常常被我们忽略。进一步想象下去，我们就会明白所有事件中最重要的事实：如果没人发现如何使这个大铁塔漂在水面上而不会一下子沉下去的定律，这艘船根本不会存在。

32. 这条定律是："一种物质的比重是它与同等体积的水的重量之比。"这条定律的发现，彻底改变了所有的航海、商业和战争的状态，并使战舰、航空母舰和巡航舰的出现成为可能。

33. 你会发现这些练习有无法估量的价值。当我们的思想得到锻炼，可以看穿事物的表象，一切就都与先前截然不同了，无足轻重的变得意义非凡了，了然无趣的变得趣味无穷了，一些我们过去曾经认为毫无用处的东西变成了生命中最为重要的东西，唯一重要的东西。

关注今日

今日是生命的生命，

生命的生命之所在。

今日短暂的历程中，

埋藏着生命和生机，

全部的真理和现实：

今日是成长的祝福，

今日是行动的荣耀，

今日是美丽的荣光。

昨日不过是一场梦，

明日也不过是幻影。

若能把握美好今日，

昨日之梦即为美梦，

明日幻影即为希望。

故而，关注今日吧！

——由梵文经书翻译而来

问答录

什么是想象？

是一种有建设性的思考，一种光，一种照亮思想世界和现实世界的光。所有探索新领域的人，所有创新的人，所有发明家，都是借助这一工具才能把过去没有的东西变成现实的。

想象力能带给我们什么？

丰富的想象力可以带来美好的理想，而你的未来，都是以这些理想为基础发展而来的。

如何培养想象力？

练习，同时配以足够的营养，否则不能生长。

想象和白日梦有何不同？

白日梦是一种精神的浪费，终将给精神带来灾难。思想有了建设性就成为想象力，所有有建设性的活动，都以想象力作为先导。

什么是错误？

无知的结果。

什么是知识？

人思考能力的结果。

成功人士用来建筑成功的是什么？

精神是他们生生不息的力量，帮助他们牢牢抓住完成自己的计划所必需的环境和人。

为什么他们注定成功?

坚定不移的理想是成功的前提，并给成功带来它所需要的条件。

深刻的分析与观察会给你什么好处?

培养你的想象力、洞察力、感知力与理解和比较的能力。

这些能力有什么好处?

为你带来富足、和谐。

第九课

锐不可当的力量

导 论

在这一课，你会学到制作一种工具，你可以用它来创造你渴望得到的生活条件。

如果你想要改造生活，那么你先要改变自己。你反复无常的方法、普普通通的愿望、白日梦式的幻想、过高的勃勃雄心也许会让你步步受阻，而你内心最深处的愿望终将会完全得以实现，就像种子必然长成植物一样。

那么，我们要改变生活环境应该如何去做呢？答案很简单：通过增长法则。因果关系在物质世界中非常实用，同样在隐秘的精神领域，它也一样绝对、丝毫不会出任何差错。

在头脑中反复思考你渴望得到的生活，就像它已经实现了一样。坚定的信念是很有价值的：不断地重复，这种生活就成了我们自身的一部分。我们时刻在不断地改变着自己，我们渴望的东西在改变着我们自身。

性格不是一件偶然的产物，而是持续努力的结果。如果害羞胆怯、优柔寡断、沉默寡言霸占了你的精神世界和心理世界，或者杯弓蛇影、风声鹤唳，过度紧张、烦恼，请牢记这个不言自明的真理："一山不容二虎。"而治愈这种疾病的良方也非常简单：用勇气、自强、自立、自信的念头，代替那些恐惧、胆怯和缺乏自信的想法。

最简单、最常用的一种药方就是：针对自己的特殊情况选择一个肯定句，不断重复。积极的想法必将摧毁消极的念头，如同光明可以驱散黑暗一样，其结果必定百分之百奏效。

行动是思想开出的鲜花，而生活是行动的结果。故而，你拥有的工具必定有一个结果，或者造就自己或者摧毁自己，要么收获欢乐要么独尝苦果。

本 论

1. 外在世界中只有三样东西是值得你去追求的，这三样都可以在内在世界中找到。找到它们的秘诀非常简单：建造一座桥梁，把你带向这全能的力量。

2. 人类普遍渴望的三件事，同时也是人类要达到最高层次的成功和最完善的发展所必需的三件事，就是健康、财富与感情。健康，每个人都知道是非常重要的，因为如果身体痛苦就不会有幸福。而对于财富，它的重要性并非所有的人都会不假思索地承认的，但是人们必须承认，至少人们需要充足的生活必需品，而一个人觉得够用，可能另一个人就会觉得少得绝对无法忍受。大自然的资源不只是充足，而是相当丰富，我们应该认识到，所有的缺衣少食，都只是因为人类在分配方面缺乏公正。

3. 很多人都觉得感情是第三重要的东西，当然或许也会有人说，感情对于人类的幸福来说是第一重要的。可是，不管是第一重要还是第三重要，对那些拥有了这三种东西——健康、财富、感情——的人来说，他们的"幸福之杯"已经充盈满溢，不再需要其他的东西了。

4. 我们发现，宇宙物质是"无所不是健康"、"无所不是财富"和"无所不是感情"的，而我们能够用来和这无限的资源相联系的桥梁就是我们的思维方式。故而，思考该思考的东西，即是“通往伟业的秘道”。

5. 那么我们应该思考什么呢？如果我们知道答案，我们就找到了与“我们渴望的所有东西”相连接的桥梁了。我这么一说，这个桥梁的内涵看上去似乎非常浅薄，但你要继续往下读；你会发现，其实它就是我所说的“万能钥匙”，如果你愿意的话，也可以叫它“阿拉丁神灯”。你会发现，它其实是所有善行——所有幸福的源泉——的基础、必要条件和绝对遵从的法则。

6. 要有正确、合理的思考内容，我们就必须先知道什么是“真理”。真理是指导所有行业和社会关系的真正法则。任何正确的行动都必须依赖对真理的认识。懂得了真正的法则，你将自信而事事都有把握，它可以带来真正的满足感，而别的任何东西都不会让你这样满意。在这个充斥着猜忌、冲突和危险的世界中，它是唯一一块坚实的地面。

7. 认识真理是为了与“无限”和“全能”的力量和谐相处。因此也就是使自己与无往而不胜的力量相连，它可以扫尽所有的混乱、失调、猜忌与谬误，因为“真理是战无不胜的力量”。

8. 只要根据真理的法则，世界上最愚笨的人也都可以预见一件事的结果。而世界上最睿智、最有洞察力的人，如果他的希望是建立在错误的前提下的，他也会绝望地迷失方向，对接下来会发生什么一无所知。

9. 所有的行为，如果不能与真理协调一致，无论是有心的还是无意的，都会带来混乱失调，最终招致的损失取决于行为和真理在多大程度上偏差，是什么性质的偏差。

10. 那么我们怎么样才能获取真理来搭建通往无限力量的桥梁呢？

11. 如何正确地获得真理取决于我们是否知道什么是真理，而真理就是无所不在的宇宙精神运行时所遵行的法则。将健康作为例子说明一下这个问题。如果你想要健康，你需要先认识关于健康的事实：你内在的“真正的自我”是一种精神，所有的精神都是一体的，所以大脑的状况控制着整个身体的状况，你体内的每一个细胞都显示着你的思想。如果你看到的是疾病，它们显示出来的就是疾病，而如果你思考的是健康，它们显示出来的就是健康——这样你就健康了。“我健康、完美、强壮、有力、快乐、平和而幸福”——这个积极的肯定句将给你带来和谐的生活，因为它与真理完全一致，当真理驾临，谬误和混乱必将落荒而逃。

12. 你知道“真正的自我”是一种精神，那么它必然是完美的，故而，“我健康、完美、强壮、有力、快乐、平和而幸福”这句话就丝毫没错了。

13. 思考是精神在活动，而精神可以创造，把这一点谨记在心，你就必定知道如何把想法变成现实了。

14. 如果你想得到财富，那么认识到你内在的“真正的自我”是与宇宙精神合一的，而宇宙精神就是无所不在的财富，你就能利用吸引法则与周围的能量发生共振，这些能量将给你带来成功、权力、财富，而带来多少则完全取决于你的性格和对目标的忠贞。

15. 你需要将构想作为桥梁来连接你与财富。构想和观看不同，是两个完全不同的过程。观看用的是身体器官，与客观世界相连，是外在世界的使者；而构想是想象能力的子嗣，故而是属于主观精神的，是内在世界的宠儿。因其是精神，故它有生命力，能够成长。构想会变化成为现实，变化的机制如机器一般精准，它是一部完美的机器，因为它是由那位令万物完美的建筑大师创造出来的。但是不幸的是，有时候这部机器的操作员并不熟练，效率低下，但通过练习，下定决心，这一缺点一定能够克服。

16. 如果你要得到感情，那么你一定要明白获得爱的唯一方式就是给予爱，给予的越多，得到的越多。而你能够付出爱的唯一方式，就是让自己充满爱，直到成为一块爱的磁铁。

17. 那些把伟大的精神真理与所谓的低一级的现实生活连接起来的人，都已经找到了解决所有问题的秘诀。越是接近伟大的思想、伟大的事业、伟大的自然和伟大的人，一个人就越睿智，思想就越深邃。据说，所有接近林肯的人都会觉得自己面前是一座山，而一个接近真理、并知道自己已经握住了永恒的真理的力量的人，这种感觉要更强烈得多。

18. 有些人已经试验过这些法则，并在自己的生活中证明这些法则是正确的，偶尔听他们对我说起这些的时候总是会让我激动不已。弗雷德里克·安德鲁斯在一封信里提出了如下的真知灼见：

19.“在我大约13岁的时候，有一次我昏死过去了，T. W. 马瑟医生对我母亲说：‘没有机会了，安德鲁斯太太。我也是这样失去我儿子的，我做了所有我能做的事但是他还是去了。我对这种病做过特别的研究，所以我知道他没有好起来的希望了。’”

20.“我母亲对他说：‘医生，如果他是你自己的孩子你会怎么做？’医生回答说：‘我会努力，努力，再努力，只要孩子还有一口气我就不会放弃。’”

21.“这样一场持久战就开始了，我的状况时好时坏，不过所有的医生都认为没有治愈的可能了，虽然他们仍然尽力地鼓励我们。”

22.“但最终胜利是属于我的。而且我从一个矮小、驼背、畸形、跛脚、只能爬着走的孩子，长成了一个强壮、挺拔、帅气的男人。”

23.“现在，我知道你想知道这个奇迹到底是如何产生的，有没有什么秘诀。我将尽可能简洁地将这个秘密说出来。”

24.“我给了自己一个肯定句，它包含了我最需要的东西。我一遍一遍地对自己说：'我健康、完美、强壮、有力、快乐、平和而幸福。'我一遍一遍地说，就是这一句，一字不差，以至于后来在半夜醒来我发现自己仍然在不断地说：'我健康、完美、强壮、有力、快乐、平和而幸福。'这是我每天早上醒来所说的第一句话，也是每天夜里睡前所说的最后一句话。"

25."我不仅对自己说这句话，也对需要这句话的别人说。关于这一点我想强调一下：你想要什么，也要在别人面前坚定地说出口。种瓜得瓜，种豆得豆，如果我们说出的是自己的积极思想——爱和健康，不需任何代价，回声将会是命运给你的奖赏。但如果我们说出的是恐惧、忧虑、嫉妒、愤怒、憎恨等，我们一定会收获自己种下的恶果。"

26."过去常听人说，人每隔七年就会完全更新一次，而现在又有一些科学家指出，实际上我们每十一个月整个身体就更新换代一次。所以，我们的身体只有十一个月大，不到一年。而如果我们一年一年地把缺陷注入我们的身体，那就怪不得别人了，只能怪自己。"

27."人是自身思想的总和，于是问题就是：我们怎么样才能摒弃所有消极的思想，而保持积极的思想呢？我们可能一开始并不能避免接触消极的东西，但我们可以不接受它。拒绝它的唯一方式就是忘记它，也就是说找一些东西中和它。那句准备好了的肯定句现在就派上用场了。"

28."当愤怒、嫉妒、恐惧、忧虑等消极思想妄想偷偷兴起的时候，把那个肯定句说出来吧，不要停。光明可以战胜黑暗，温暖可以战胜寒冷，而善能够战胜恶。拿我自己来说吧，我不会有消极的思想，因为它们不会给我带来任何好处。肯定所有光明美好的事物，邪恶就一定会自行引退。"

29. 不管你想要什么，你都可以用这句宣言，它实在是一句非常完美的话。运用它，默默地重复它，直到它进入你的潜意识中，你可以随时随地默念——在汽车上、在办公室里、在家中。这就是精神方法的优势，你想什么时候用就什么时候用。精神无处不在，随时听候调遣，而你唯一要做的，就是承认它无所不能，并接受它的善意。

30. 如果我们的主要心态是力量、勇气、宽厚和同情，我们就会发现周围的环境会根据我们的心态自动为我们清扫不符合我们思想的条件。相反，如果我们的心态是软弱、愤世嫉俗、嫉妒和毁灭，那么周围的环境也一定会按照这些想法自动变化。

31. 思想是因，环境是果，环境是“善”是“恶”都起源于思想。思想有创造性，它将自动把客观世界改造成它自己的样子，这是一个全宇宙都适用的真理（普遍真理）。如何认识和运用这个法则，决定着所有事物从开端到结局的整个过程，这就是世世代代人们为什么都相信祷告有无限力量的原因。

32. 这一周我们要在头脑中构想的是一株植物。选一种你最喜欢的鲜花，想象它就在你面前。种下那颗小小的种子，给它浇水，悉心照料它，把它放在早晨阳光充足的地方，你看着那颗种子生根发芽。现在，它是一个活生生的生命了，它开始获取自己生存所需的养分了。你看着它的根正在向泥土里延伸，它的根向四处伸展，不要忘了这个生命的细胞，它们不断地分裂、分化，不久就达到了上百万个，而每一个细胞都充满了智慧，它们知道自己想要什么，并知道如何得到自己想要的东西。看啊，它的芽在生长，向上长向前长，它破土而出了，它抽出枝杈来了，每个枝杈都那么完美匀称，枝杈上的叶子一片片长出来了，每一个枝杈上都擎着一朵含苞未放的花骨朵儿，然后花蕾张开了，绽放了，你喜爱的花儿就出现在你面前了。现在，集中注意力，你闻到了一股花香，一股微风吹拂过送来的花香，你的构想创造出来的花的香味。

33. 当你做到能够清晰真切地看到某个东西，你就进入它的灵魂深处了，它对你来说是非常真实的，你就学会了将精力集中在别的事情上，因为这个过程都是一样的，不管是健康、鲜花、复杂的商业方案，还是生活中的其他问题。

34. 所有的成功，都是通过长久地把意念集中在眼前的目标上而实现的。

思想即是生命，人由思考创造。没有思想的人、不会思考的人，从更高层面或者真正意义上讲，不能算做活人。

——A. B. 奥尔科特

问答录

所有幸福的必要条件是什么？

行善。

任何正确的行动都必须依赖什么？

正确的思想。

指导所有行业行为和社会关系必须以什么为前提才能成功？

对真理的领悟。

领悟了真理有什么好处？

只要前提正确，我们就能轻易预测出每一个行动的结果。

前提错误的行动会有什么结果？

将来会发生什么我们无从得知。

怎么样才能认识真理？

如何正确地认识真理取决于我们是否知道什么是真理，而真理就是无所不在的宇宙精神运行时所遵行的法则。

真理的性质是什么，也就是说，是物质的还是精神的？

真理是精神。

解决所有问题的奥秘是什么？

运用真理的精神。

精神方法的优势是什么？

你想什么时候用就什么时候用。

运用精神方法必须符合什么条件？

承认它无所不能，接受它的善意。

第十课

舍『果』求『因』

导 论

如果你能完全领会第十课的内容，你就会明白任何事情都有明确的原因让它这样发生而不是那样发生。你将会完全明白如何制订计划。在任何情况下都能通过把握事件的起因来控制局面，而当你如愿以偿成功的时候也会完全明白自己是如何胜利的。

凡夫俗子不知道因果法则，他们受自己的感觉和情绪的控制。他们的思想只是用来为自己的生活找借口：如果经商失败，他们就埋怨运气不好；如果讨厌音乐，他们就说音乐是一种奢侈，消费不起；如果他们是办公室里可怜巴巴的小职员，他们就会说能从事某种室外工作的话会干得更出色；如果没有朋友，他们就说自己心灵太纯洁，超出别人欣赏的水平。

凡夫俗子从来都不寻根究底。总之，他们不懂得任何结果都有其特定的起因，反而用诸多借口和理由来安慰自己，他们所能做到的思考只是为自己找借口。

相反，一个明白“凡有果，必有因”这个道理的人，会客观公正地考虑问题，不管结果如何，都会循着真理的足迹探寻下去，都去刨根问底。他能一眼看透事情，看到它的结果，并准备好充足的条件去完成这个结果，他收获的将是他应得的回馈，世界会给他带来友谊、荣誉、爱情、声望。

本　论

1. 丰盈充裕是宇宙法则的应有之义，生活周围的证据比比皆是，完全可以证明这一点。大自然是慷慨、奢侈的，在所有造物上都毫不吝惜，大自然的慷慨能在所有造物中彰显出来。千百万的乔木和花朵，动物和灌木，永恒地进行着广泛的创造与再生，这所有都表明自然为人类准备了丰富的资源。很明显，丰盈充裕的大门向所有人敞开，而同样明显的是，很多人都不能走进它，因为他们不知道活跃的精神才是使我们与渴想的事物相联系的活动原理。

2. 所有财富都是力量的产物，而反过来也只有当财产可以促进力量发展的时候才有价值。事件，只有当它对力量发挥影响的时候才有意义。所有事物都代表着不同形态不同程度的力量。

3. 在电学上同性相斥、异性相吸，在化学上有相似相溶的定律，物理学上有地心引力定律，这些都是因果法则在自然科学上的表现，对这些知识的掌握使得人类可以大胆地制订计划并信心十足地去执行。这些定律叫作自然定律，因为它们指导的是物质世界。但并不是所有的力量都是物质力量，精神能量才是更高级的力量，而道德力量和信仰的力量也同样存在。

4. 精神力量比物质力量更加高等，因为它存在的世界是一个更高等的层面。正是因为它，人类才得以发现那些驾驭大自然奇妙力量的规律，使大自然俯首称臣，完成本需千万人才能完成的劳作。也正是因为它，人类才得以发现那些如何跨越时空、摆脱地心引力的规律。要想运用这些规律只能靠集中精神的力量。亨利·杜伦孟德说得好：

5.“我们都知道，物质世界分为有机物和无机物。矿物界的无机物和动植物世界完全隔绝，通道在矿物界的那端被完全密封了，障碍从未被跨越过。无论怎样改变矿物界的物质和环境，无论什么样的化学过程、电学过程，无论加之何种能量——都无法为这个世界的一个小小的原子带来生命，这里根本就没有进化。”

6.“只有当某种生命形式屈身来到这一片死寂的世界时，这些没有生机的原子才有了生命的属性。如果不与生命发生联系，这些原子将永远只能定格在无机的层面。赫胥黎说：生源论（生命只能来自生命）的原理处处适用，而廷德尔也不得不宣称：‘我肯定地说：没有丝毫的确凿证据可以证明我们今天所能见到的生命不是由别的生命进化来的。’”

7.“物理规律可以解释无机世界，生物学可以诠释有机世界的发展，但是在有机世界和无机世界的联系方面，科学就无法解释了。自然界和精神世界之间也有一个类似的通道，这个通道在自然界的那端被封死了。大门紧锁着，没人能开启，任何有机化学变化、任何精神能量、任何道德努力、任何进步都不能使任何人进入精神世界。”

8. 然而，如同植物屈尊进入矿物界、给它带来生命的奥秘一样，宇宙精神屈尊进入个人精神世界并赋予它以全新的奇异力量，这种力量美好而令人赞叹。一切成功的男男女女，无论是工业家、商人还是艺术家，都是通过这个过程取得成功的。

9. 思考无限的宇宙精神与有限的个体精神之间联系的纽带。我们已经知道无机物向有机物转化有一个无法跨越的障碍——只有注入生命，无机物才能发展。当种子把根扎进矿物界，不断生长，不断展开，死寂的无机物才开始有了生机，数千个看不见的手指开始为这个新来的访客编织适宜的环境。增长法则开始起作用，生长过程一直持续，直至开出一朵美丽的百合，它美丽至极，甚至“所罗门王在位时佩戴的花朵中，也找不到这样一朵”。

10. 宇宙精神是创造万物的原料，当一颗思想的种子落到宇宙精神无形的土壤中并生根发芽，增长法则就开始生效。最后我们发现，原来所有的环境和生活条件都只是我们思想采取的客观形式。

11. 这里的法则是：思想是动态能量的一种重要的活动形式，它和客观世界相连接，把创造万物的无形物质带进有形的客观世界，所有事物都是通过这个规律产生的，这就是“通往伟业的密道”“统治万物”的万能钥匙。掌握了这一法则，你就能“敕令某物立即现身”。

12. 这绝对是个铁的法则。因为：众所周知，宇宙的灵魂就是宇宙精神，而宇宙只不过是宇宙精神为自己创造的环境。我们都是个体化了的宇宙精神，我们用完全相同的方式创造着我们自己生存和生长的环境。

13. 这种创造的力量取决于对潜在精神力量或意念力量的领悟。注意不要把这种创造与进化混为一谈。创造能够使客观事物从无到有，而进化只不过是把已经存在事物的种种可能层层展开。

14. 收获这一法则带给我们的种种可能的同时，我们必须谨记,实际上我们自己对这些结果的实现并没有起什么作用，正如伟大的导师圣徒约翰所说：“我实无为，皆天父所行，天父以我为庙堂。”我们也应该完全是这种态度：我们对实现这些力量根本无从插手，对于目的的实现我们所做的仅仅是遵循规律，实现这一切的是创造万物的宇宙精神。

15. 如今流行的一个天大的谬误是这样说的：要想运用无限的力量来实现某个特定的目标、创造某个特定的结果，必须有由人创造出来的智慧。这完全没有必要，因为我们相信宇宙精神完全可以自己找到必要的途径和方法实现向物质世界的转化。但是同时，我们必须先创造出完美无缺的理想来。

16. 我们可以控制并运用无形的电这种力量，通过各种方式给我们带来利益和舒适的生活：信息在全世界传递，庞大的机器按我们的命令工作，电灯照亮了我们的整个世界。众所周知，这就是我们去探究电学原理的原因。但我们同时也知道，如果我们有意或无意地违反了电学规律，碰了不绝缘的火线，那结果肯定不太好受，甚至还会夺去你的生命。同样，如果我们不了解统治无形的精神世界的法则，也会遭遇同样的后果，许许多多的人的苦难正是来源于此。

17. 有人解释说因果法则中的“因”“果”就像电池的阴阳两极，两极之间必须有一个电路，如果我们不按各种法则来操作这个电路就无法接通。但是如果我们不知道这些法则是什么的话那就根本谈不上按法则操作了。我们怎样才能认识这些法则呢？通过学习，通过观察。

18. 我们看到因果法则无处不在。整个大自然一直无言地展示着这个法则，这一法则在自然界畅行无阻：凡是有变化的地方就一定有生命，凡是有生命的地方就一定有和谐。所有生命都在不断地把充足的资源和适宜的环境吸引到自己身边，以便尽可能完美地展现自我。

19. 如果你的思想与大自然的创造性准则相一致，与无限的宇宙精神步调一致，电路就安装好了，你绝对不会一无所获。但是，你的某些想法很有可能与无限的宇宙精神的步调并不一致，因果两极就没有了，电路自然也就没有了。那结果如何呢？就像发电机正发着电的时候突然切断了电路，那么电流该往哪里去呢？那样发电机只好停止工作了。

20. 这件事情发生在你的身上也会完全一样。如果你的想法与宇宙精神并不一致，不能形成宇宙和个人的两极，就没有电流了，短路了。那些想法会纠缠你，困扰你，折磨你，最后让你生病，甚至死亡。医生们并不这样诊断，他们给各种各样的病痛起了很多稀奇古怪的名字。而其实病因千篇一律，无一不是思想出问题的结果。

21. 有建设性的思想必定是有创造性的，而有创造性的思想必定是和谐的，这样的思想会消除那些有破坏性的或急功近利的思想。

22. 智慧、活力、勇气，以及所有和谐的环境都是力量的结果，而我们知道所有力量都来自于内心。同样，所有的智力匮乏、无力、胆怯以及厄运都是缺乏力量的结果。我们其实没有什么理由缺乏力量，所以它也就无足轻重——治疗的办法不过是增加力量而已，而增加力量的方式与发展所有其他的能力一样，都是通过练习。

23. 上面所说的练习就是把你的知识用于实践。知识自己不会使用自己，必须由你来使用它。财富不会从天而降，也不会自动放到你面前。而对于吸引法则的完全领悟和应用，还有不达目标誓不罢休的坚定意志，可以帮你达到特定的具体的目的，将你渴望的东西传递给你。如果你是个商人，这两样就会通过常规的渠道增加你的财物，当然，当常规渠道运转正常之后，新的另辟蹊径的生财之道也会到来。当这个法则畅通无阻地运行的时候，你会发现你千方百计追求的东西其实正在热切地追求着你。

24. 这一周，找一片空白的墙，或是别的随便什么，仍然像从前那样坐下，在头脑中画一条大约六英寸长的水平黑线，看清楚这条线，就像它就画在墙上一样。然后在头脑中画出两条垂线，使两条垂线与先前的水平线的端点两两相接。接着再画一条水平线，把这两条垂线再连起来。这样就形成了一个正方形，试着看清楚这个正方形。看清以后，在正方形的中间画一个圆。在圆心点一个点，然后把圆心的点向你自己的方向拉近十英寸。现在，你就在一个正方形的底面上做出来一个圆锥。你应该知道你画的线、点的点儿都是黑的，现在把它们变成白的、红的或者黄的。

25. 如果你做到了，就说明你已经取得了很大的进步。过不了多久，你就能把精神完全集中到心中所想的任何一件事上了。

如果一个目标或目的已经在思想中清晰地呈现，它的实现，摸得着看得见的现实，不过是早晚的事。现实和愿望之间的关系，在于愿望总是在现实之先，并决定着现实。

——莉莲·怀廷

活跃的思想带来描绘现实的力量，思想之源有多深，它描绘现实的力量就有多大。

——爱默生

问答录

财富是什么？

财富是力量的子嗣。

什么是财产价值？

只有能促进力量增长的财产才有价值。

领悟因果法则有什么价值？

认清了因果法则人们就能大胆地制订计划并信心十足地去执行。

无机世界中如何产生生命？

只有通过某种生命形式的引进，别无他法。

无限的宇宙精神和有限的个人精神之间的连接纽带是什么？

思想。

为什么？

因为宇宙精神只有通过个人的思考才能展现。

因果法则如何起作用？

通过自己的两极，必须得有电路；宇宙精神是生命电池的正极，个人是负极，思想是电路。

为什么很多人都得不到和谐的生活？

因为他们不懂得这个法则，不知道有两极，更没有组好电路。

有什么解救的办法？

对吸引法则的完全领悟和正确应用，还有不达目标誓不罢休的坚定意志。

这样做的结果会怎样？

思想会与所想目标相联结，并使它得以实现，因为思考是人的精神的产物，而精神是宇宙的创造原料。

第十一课

解放自己的思考能力

导　论

你的生命是由法则控制的，由实际存在的、永恒不变、不可更改的法则所控制。无论何时何地，这些法则永不停息地运作着。人所有的行为都有其固定的规律，正因为如此，那些掌控着巨大公司的人，能够绝对精确地测定每10万人中有百分之几的人会对刚刚公布的调整策略作出反应。

不过我们最好知道，所有的“果”，都有相应的“因”;而这“果”本身反过来也是“因”，从而引起其他的“果”；而这些“果”又成了另外的“因”。故而，你在运用吸引法则的时候一定要牢记，你引发的是一连串的因果链锁，可能性简直难以计数，结果可能是好的，也可能是坏的。

我们经常听到别人说：“刚刚遭遇了一件糟透了的事，那不是我想要的结果，因为我从来也没有想到过会有那样的结果。”但是我们忘了，正如精神世界中的相互吸引一样，我们的思想会给我们带来特定的友谊和朋友，而朋友和友谊又会影响到一些环境和生活境遇，而环境和生活境遇反过来也会成为我们对现状抱怨的理由。

本　论

1. 归纳推理是客观精神用来把很多独立的例子进行比较，然后从中找出引发它们的共同原因的过程。

2. 归纳法是通过对事实的比较得出结论的，正是通过这种研究方法人类才得以发现原来世界是由规律统治的，也正是人类对规律的认识标志着人类历史进入了一个新的时代。

3. 归纳法将迷信与智慧截然分开，它消除了人类生活的不确定性和变幻莫测，并代之以规律、理性与确定性。

4. 归纳法就是我们前面课程中曾经提到过的那位“看门人”。

5. 通过归纳法我们发现自认为熟知的世界发生了翻天覆地的变化：太阳围绕地球旋转理论终结了，而看起来平坦的大地却变成了一个球，并绕着太阳旋转；惰性的物质被分解后居然成了活跃的分子；从望远镜到显微镜所能看到的整个宇宙，都充满了力量、生机、运动。我们在赞叹之余只会不禁要问，到底是什么样的手段和方法，使得这精微奥妙的宇宙秩序井然，被扰乱了也能自我修复？

6. 同性两极和同性磁力之间相互排斥、互不相让，足以说明星球之间、人与人之间、力与力之间总是保持着一定距离的原因。异性相吸、酸碱中和、供需互补同样也说明有不同才能的人是可以相互吸引、共同合作的。

7. 眼睛寻找并乐意看到的颜色，往往是那些和一直看到的色彩互补的颜色。同样，人的需求、向往与渴望，通常也是如此引导、指导和决定着人的行为的。

8. 我们能够认识并按照这个原则行事，实际上就是一种能力。居维叶发现了一颗已经灭绝的动物的牙齿，他知道这颗牙齿为了充分发挥自己的功能，就需要整个身体和它配合，这颗牙齿也决定着身体长什么样。这样，居维叶就能够通过这颗牙齿而重构这个动物的整个身体。

9. 天王星的运动轨道出现了偏离，勒维耶观察到了，并且设想在太阳系的某个位置一定有另外一颗行星才能维持太阳系的秩序，于是海王星就在预定的时间和地方出现了。

10. 居维叶的理性需求和动物的本能需求是一致的，勒维耶的智慧需求和大自然的需求也是类似的，于是，结果出现了。思想中觉得哪里存在什么东西，那个东西就真的在哪里。特定的符合规律的需求，为大自然更为复杂的运行提供了理由。

11. 我们正确地记录下大自然给予我们的答案，借助飞速发展的科学，我们的感知范围扩展到整个自然界，我们握住了那根撬动地球的杠杆，意识到自身同外在世界有着非常密切、多样、深刻的联系。就像公民的生命、自由、幸福与政府的存在相一致一样，我们的目的、愿望也和整个宏大的宇宙相一致。

12. 个人利益受到国家的武器保护（当然还有他自己的武器），个人需求的满足依靠国家资源，这在某种程度上就决定了这些需求具有某种普遍性和稳定性。同样，大自然共和国的精神公民——精神个体，也是通过与更高力量结盟来保护我们免受低级因素的侵扰，利用动力和阻力的基本定律（这与物理、化学物质之间的作用相同），大自然将人与外部世界之间相互作用所需要的劳动力合理分配，以最大限度地实现造物主的意愿。

13. 柏拉图是一个智者，如果他看到摄影师拍摄到的太阳运行的情景，或者看到通过归纳想象出的百幅类似画面，他就会想起自己的老师苏格拉底具有启发性的智慧，并在脑海中推论出一片乐土。在这片乐土上，所有人工的、机械的和重复性的劳动都被分派给大自然的力量去完成，我们只需要用意志去开启精神的运作，所有的需求都会被满足，所有的供应仅仅有需求便可创造出来。

14. 不管这片乐土看来离我们有多么远，这种归纳推理都可以使人类大踏步地前进。同时，它还给我们带来种种好处，这些好处都是对人们以往的忠诚不渝的酬报，对未来的辛勤耕耘的激励。

15. 归纳法也能帮助我们在今后集中、加强我们的能力，帮助我们通过精神最纯粹的形式找到解决个人的问题和宇宙间的问题的答案。

16. 在此我们发现了一个方法，它的精髓是：为了实现你所想要的东西，就要先相信已经得到了这些东西。这种方法就是柏拉图留给我们的宝贵遗产，虽然他并不能解释这到底是为什么，因为他早已不在人世了。

17. 这种理念斯韦登伯格在他的书信中详细解释过。还有另外一位更伟大的导师也曾说过："凡有所祷，相信所求已得，则必得所求。"(《马可福音》11章24节）这句话里的时态用得太到位了。

18. 我们首先要做的是相信我们的所求已经实现，接下来它的实现就变成了必然。这一句非常简洁的话教导我们如何运用思想的创造性能量：把我们想得到的某一件特定的东西作为一个已经存在的事实，让它存在于主观的宇宙精神中。

19. 我们这是在绝对的层面上进行思考，摒弃了很多对各种条件或限制的考虑。做到了这件事，我们就像把一颗种子种在了土壤里，只要让它自然生长，它就会发芽，并最终在外在世界中结出果实。

20. 复习一下：归纳推理由客观精神完成，通过对一定数量的相互分离的实例进行比较，找出引发它们的共同原因。众所周知，在这个地球上的所有文明社会中，很多人都通过某些他们自己都不明白的过程来获取成功，这些过程往往被涂上了一层神秘色彩。而我们的理智，本是用来探求实现成功的规律的。

21. 在一类人身上可以看到这种思维过程的运行：他们能毫不费力地获得别人需要艰难困苦才能获得的东西；他们从来不需要违背自己的良心，因为他们总能做出正确的行动；他们的举止总是很自然，很得体；什么东西都能轻轻松松地学会；接触什么事情都能很快掌握其中的技巧；他们从不需要思考太多到底该做什么，也不会遭遇难题或者受多大苦，因为他们的思想和身体永远保持和谐一致。这一类人被称作幸运儿。

22. 这种思考可以带来的成果，奇妙得仿佛是众神的赏赐，但是很少有人意识到、领悟并欣赏这种恩赐。人的精神在适当的条件下可以拥有这种神奇的力量，可以用来指导并解决人类的所有问题，这些都是事实，而认识这两个事实是非常重要的。

23. 不管是用现代科学术语来定义的，还是用使徒时代的语言来定义，所有的真理其实是同一个。过于谨慎而胆怯的人束缚住了自己的手脚而看不到，正是因为真理的完备性才需要用不同的方式表达出来，因为人类做出的定义没有一个可以完整地表述出真理的所有层面。

24. 不同的表述、不同的侧重点、不同的语言、新奇的阐释、全新的角度，这些都不是像某些人所说的那样，标志着对真理的背离。恰好相反，这所有都证明，只要真理与人类的需求之间的关系改变了，便必须从新的角度来理解真理，还有，人们对真理的认知越来越普遍。

25. 对不同的时代、不同的人阐述真理必须用不同的方式。伟大的传道者马可说:“凡有所祷,相信所求已得,则必得所求。”圣保罗说:“所求之物的本质，未见之事的明证。”现代科学说 :“吸引法则就是思想同客体相联系的法则。”这些论述，只要加以对比分析，你就会发现其中包含着的是同一个真理，唯一的差异就是表达方式不一样。

26. 我们正处于一个新时代的门口。在新的时代，人们发现了掌握自己命运的秘密，通往新的社会秩序的道路已经铺好，这所有，比迄今为止人们梦想所及的所有事情都更加奇妙。现代科学和神学的冲突、比较宗教的研究、新的社会运动的巨大能量，所有的这一切都在为新的社会秩序扫清道路，所有这一切都在摧毁作古失效的传统形式，但传统中的精华却一分不曾减损。

27. 一种新的信念诞生了，它呼唤着新的表达形式。更深层次的精神力量被展现出来，现代生活无处不有这种精神活动，这种新的信念正是通过精神力量的展现得以成形。

28. 这种在矿物中休眠、在植物中呼吸、在动物内运行、在人类心灵中达到巅峰的精神，就是宇宙精神。有了它，把握了上帝赐予我们的统治权，我们就能跨越理论成就和行动的鸿沟、实践和理论的天堑。

29. 到目前为止，所有时代中最伟大的发现就是思想的力量。这个发现的重要性虽然还没有被普遍接受，但正在被人们接受，而且它的重要性正在被各个研究领域的结果证明着。

30. 你或许会问，思想的创造力是什么？那就是创造新的理念，然后通过理解、发明、观察、鉴别、发现、分析、控制、管理、综合、应用等手段，运用物质和力量，使自身变成客观的成就。它能够做到这些，因为它是有智慧的创造力。

31. 最高的思维活动在于思想潜入自己最深的深渊的时候。思想突破自我狭隘的束缚，通过一个又一个真理而进入了永恒之光的领域，在这里，所有的过去、现在和未来都融为宏大和谐的一体。

32. 灵感在沉思的过程中诞生，它是有创造性的智慧，无可否认地高于一切元素、力量或自然规律的智慧，因为它能够领悟、改造、统治这些元素、力量和自然规律，按照自己的终极目的利用并最终占有它们。

33. 认识事物本质所需的知识和法则我们可以借助理性获得，而有了理性之后才有了智慧。智慧是教化了的理性，它指导人走向谦虚，因为谦卑是智慧的一个较大的组成部分。

34. 众所周知，有许多人取得了看似不可能的成功，有许多人实现了自己一生渴求的梦想，还有许多人改变了包括自身在内的一切。我们有时候会不明白为什么这种看起来似乎无坚不摧的力量总是在人们最需要它的时候自动现身。但现在什么都清楚了。我们所要做的，就是领会某些特定的基本法则，还有如何充分利用它们。

35. 你本周的练习就是体味圣经中这句话的含义："凡有所祷，相信所求已得，则必得所求。"注意，这里面没有任何的限制，"凡有所祷"说得非常明确，也就是说唯一限制我们的是我们自己的思考能力，应对所有情况、在紧急情形下仍能镇定地思考的能力。要牢记信念不是不可摸、不可触的影子，而是实实在在的存在，是"所求之物的本质，未见之事的明证"。

死亡只不过是一个自然过程，所有物质形式投入这个熔炉以求新生，获得全新的面貌。

问答录

归纳推理是什么?

归纳推理是客观精神用来把很多独立的例子进行比较，然后从中找出引发它们的共同原因的过程。

这种研究方法取得了什么成就?

正是通过这种研究方法人类才得以发现原来世界是由规律统治的，也正是人类对规律的认识标志着人类历史进入了一个新的时代。

是什么指导和决定人的行为呢?

人的需求、向往与渴望，引导、指导和决定着人的行为。

毫无例外可以解决所有个人问题的公式是什么?

我们首先要做的是相信我们的所求已经实现，接下来它的实现就变成了必然。

有哪些伟大的导师宣扬这个理论?

耶稣、柏拉图、斯韦登伯格。

这种思维方式产生的结果是什么?

我们在绝对的层面上进行思考，并种下一颗种子，只要让它自然生长，它就会发芽，并最终在外在世界中结出果实。

为什么它是精确的科学论断?

因为这是自然法则。

信念是什么？

所求之物的本质，未见之事的明证。

吸引法则是什么？

信念得以实现的法则。

你认为为什么理解这一法则非常重要？

它消除了人类生活的不确定性和变幻莫测，并代之以规律、理性与确定性。

第十二课

集中自己的能量

导 论

第十二课开始了。在正文第四段你会看到这三个句子:“第一,要了解你的力量。第二,要有挑战的勇气。第三,要有做下去的信念。”

如果你专注于这些问题,把你的所有注意力投入其中,你就会发现每个句子都意义非凡,而且把另外一些与它们相一致的想法吸引过来,你很快就能领会到你所关注的这些思想的深刻意义了。

知识不会应用自己,作为个体的我们必须将其付诸应用,而这种知识的应用就是用充满生机的目标去养育思想。

很多人散漫地做出努力,浪费了大量的时间、精力,如果用这些时间和精力朝着特定的清晰的目标前进的话,很可能会创造奇迹。为了做到这一点,你必须集中你的精神能量,排除所有杂念的干扰,把注意力集中在特定的想法上。如果你曾仔细观察过照相机的镜头,你就会明白如果不对准镜头,物体产生的影像就会模糊不清;而如果你调好焦距,影像就会变得清晰明朗。这证明了精神集中所能带来的能量。如果不能把精力集中在你能够清晰看到的目标上,你就只有一个模糊不清的精神图景,你只能得到一个朦朦胧胧的、没有什么意义的、不甚明朗的、线条不清晰的、外观模糊不清的理想轮廓。

本　论

1. 科学地把握思想的创造性力量，生活中没有什么目标是不能完美地实现的。

2. 思考的力量是人所共有的。我思故我在。人的思考力是无限的，因而创造力也是无限的。

3. 尽管我们知道思想为我们创造我们想要的东西，并最终把它们向我们拉近，但是我们还是难以驱逐诸如恐惧、忧虑、失望的情绪。这些负面情绪同样也是强大的思想力量，不断地把我们渴望的东西赶走，常常使我们进一步、退两步。

4. 可以让我们避免后退的唯一方法就是不断前进。要想成功就要永远对负面思想保持警惕。有三个步骤是绝对必要的：首先，了解你的力量；第二，要有挑战的勇气；第三，要有做下去的信心。

5. 以这为基础，你就可以为自己构建理想的事业、理想的家庭、理想的朋友和理想的生活环境了，而你不必担心物质成本的限制，因为思想无所不能，它可以随意为自己的需求动用存有无数基础物质的银行。故而，无限的资源尽在你的掌控之下。

6. 不过，你的理想必须明朗、清晰、明确。今天一个理想，第二天换了一个理想，下周又一个理想，那意味着你在分散自己的力量，故而必将一事无成，浪费财富，让所有变得混乱不堪、毫无意义。

7. 然而不幸的是，这就是许多人都在自找的结果，而原因不言自明。如果一个拿着大理石和凿子的雕塑家开始工作以后，每过15分钟就变一次主意，那结果会怎样呢？而现在你所要雕塑的是天地间最伟大的可塑性最强的唯一真实的材料，如果你的主意也变来变去，结果又能有什么不同呢？

8. 这种犹豫不决、消极思想的后果，一般都会带来物质财富的损失，多年来努力得到的存在感转瞬间化为乌有。这时，你常常会发现，金钱和财富并不能给你带来存在感。正相反，世界上唯一的存在感来源于对思想的创造能力的实际运用。

9. 实际应用这种创造力的方法不会被你掌握，除非你明白了你所能掌握的唯一真实的力量就是调整自己、使自己与神圣的永恒法则相协调的力量。你无法改变无限的力量，但你能明白什么是自然法则。作为回报，你就能清楚地认识到你拥有调整自己的思考以适应无所不在的宇宙思想的能力。你所拥有的这种与无所不能的力量相协调的能力，昭示着你将来会取得怎样的成就。

10. 有许多赝品冒充思想的力量，它们或多或少让你沉醉其中，但它们所带来的后果非但无益，反而有害。

11. 毋庸置疑，忧虑、恐惧等所有负面想法产生的后果也是负面的，抱持这些想法的人，最终会自食其果。

12. 还有一些寻求神异现象的人，他们竭尽全力去追寻一些在降神会上获得的所谓的证据、显灵等。他们敞开心灵的大门，任精神世界最有毒的潮流涌进，沉浸其中，毒害自己。他们好像不明白这是一种让他们变得消极被动的力量，耗尽他们生命去使那些毫不可靠的思想形式变成现实。

13. 还有印度教徒，他们在由所谓的高手表演的物化现象中，发现了力量之源。但他们却忘记了，或者说好像从来都不知道，一旦意念消失，变出来的东西也就不见了，充斥其中的不可靠的力量转瞬间就消失得无影无踪了。

14. 还有很多人热衷于心电感应，或者称为意念传递，但是由于心电感应者的精神是被动的，这种东西的效果也是非常有害的。当然思想可以通过听或看的意愿传递出去，但是它违反了精神必须积极的原则，所以随之而来的后果也是相当惨烈。

15. 很多情况下，催眠术对受催眠者和施术者来说都是相当的危险。任何一个了解精神法则的人都不会愚蠢到想要控制他人的意志，因为施术者也将必然渐渐地失去他自己的精神力量。

16. 所有这些赝品，都能够提供暂时的满足，而且对某些人来说还具有非凡的吸引力。但是，其实，对内在世界的力量的真正领悟却具有比这些更大、更无限的魅力。越使用这种力量它就越多，它是一种永恒的力量，而不是稍纵即逝的。通过它不仅能够弥补过去错误思想所带来的错误或后果，还能起到预防的作用，保护我们不受种种形式危害的侵扰。最后，精神力量实际上还是一种创造性的力量，通过这种力量，我们可以为自己创造新的环境和生活条件。

17. 这里的法则是：思想与其客体相对应，并把在精神世界中思考产生的东西的对应物在物质世界中生产出来。我们绝对有必要认识到每一个思想的内在都有真理的萌芽，因为只有这样，我们才能通过增长法则让“善”展示出来，而只有“善”才能赋予我们永恒的力量。

18. 正是吸引法则赋予思想以动能，使之与其客体相对应，并使人能控制所有不利的生活经历。而吸引法则的另一个名称就是“爱”。“爱”是永恒的基本法则，万物生而有之，在所有的哲学体系、所有的宗教、所有的科学中，它都与生俱来。没有什么可以逃脱爱的法则，这种情感赋予思想以活力。情感就是渴望，而渴望就是爱。在爱中孕育而生的思想战无不胜。

19. 我们发现理解思想的力量的人都重视这一真理：宇宙精神不仅仅是智慧，更是物质，是一种吸引力。这种吸引力通过吸引法则起作用，将电子吸引在一起形成原子，将原子吸引在一起形成分子，又将分子吸引在一起形成客观存在。故而，我们发现爱的法则是潜藏在所有现象背后的创造性力量，不仅创造了原子，也创造了世界、宇宙还有任何其他想象力所能理解的万事万物。

20. 正是因为这个神奇的吸引法则在起作用，才使得世世代代的人们都相信一定有一个人格化的存在对人们的祈求和心愿作出回应，他操控着所有的事件来满足人们的需求。

21. 这种不可抗拒的力量其实就是思想和爱的结合，也就是吸引法则。自然界所有的法则都是不可抗拒的，正如万有引力定律、各种电学原理以及其他以数学的精准运行的所有法则，吸引法则的运作从无偏差，只是力量分配的渠道可能并不完美。如果一座桥塌了，我们不能归咎于万有引力定律发生了改变；如果电灯不亮了，我们也不能得出电学原理不再可信的结论。同样，如果吸引法则在一个没有经验或不正常的人身上似乎没有完美地表现出来，我们也不能得出结论，认为这个最伟大的、最不可能出问题的、整个造物系统都赖以存在的法则已经失效了，我们应该得出来的结论是自己对这个法则的了解还有不足之处，情况就像不是所有的数学难题都能迅速、轻而易举地得出正确的答案一样。

22. 事物都是先在精神世界或信念世界中被创造出来，然后才能外化为行动或者事件。今天，通过一个简简单单的控制思想力量的过程，我们可以参与创造未来——甚至就是明天——会发生在我们生活中的事件。要把吸引法则落在实处，经过锻炼的头脑的渴望是最有效的手段。

23. 人必须先创造出工具才可以用这些工具来获得思考的能力，作为造物的人就是这样的。除非大脑中有相应的脑细胞可以和某种思想发生共振，否则人的思想绝对接受不了一种完全不同的理念。这就是我们为什么很难接受和理解全新理念的原因，因为我们的大脑里没有能接受它的细胞，故而我们怀疑，我们不相信。

24. 故而，如果现在你还不了解无所不能的吸引法则，尚未理解如何将它科学地投入运行，尚不知道它早已向你敞开了通往无限可能的大门，并邀请你随便使用它的资源，那么，你现在亟须要做的就是马上创造出必需的脑细胞，马上去体验这种无限的力量。只要符合自然法则，这种力量就完全是你的。创造必需的脑细胞要求你懂得如何集中精神或意念。

25. 精神可以通过意愿控制，力量来自平和。正是通过集中意念，你才能得到深邃的思想、睿智的谈吐和所有无限可能的力量。

26. 潜意识里无所不能的能量是所有能量的源泉，而在“宁静”中你可以和潜意识中无所不能的能量接触。

27. 要想获得智慧、权力和任何永恒的成功的人只能在内在世界中找到这种无所不能的力量，它不断地在你面前铺展开来。愚者——天生头脑空白的人——可能会认为，要想达到“宁静”的境界非常简单、非常容易。但是要牢记，只有绝对的宁静，人才能和神圣的宇宙精神本身接触，才能领悟到永恒不变的法则；通过坚持不懈地练习精神的集中才能为自己打开通往完美的大门。

28. 这一周，仍然进入那个房间，坐在那张椅子上，保持和以前相同的坐姿。一定要放松，让心灵和身体都放松，神经和肌肉都放松，保持放松，现在要做精神练习所以绝对不要有压力，你现在完全舒适了。现在，想象自己与无所不能的力量和谐一致了，你感受到了它，你深刻地领悟到一个事实并为此高兴。你认识到你的思考能力就是你施加于宇宙精神并使之彰显的能力，你意识到宇宙精神会满足你所有的需求，你认识到和所有人曾经有过或将要获得的潜力完全一样，因为每个人都只不过是宇宙精神这个“一”的表现形式或彰显形式，人是整体的部分，人和人在种类和性质上并无不同，只是程度不同罢了。

思想中孕育的任何事物都能够变成现实，第一次说出它的人只是提议，而把它付诸实践的人终会出现。

——威尔逊

问答录

实现生活中的任一目标的最好方法是什么？

完全理解思维的精神实质。

要实现目标有三个步骤是完全必要的，它们是什么？

第一，要了解你的力量；第二，要有挑战的勇气；第三，要有做下去的信念。

如何获得实际工作中的知识？

通过对自然界运行法则的理解。

懂得了自然界运行的各种法则有什么好处？

我们就能意识到，我们有能力调整自己去适应神圣永恒不变的法则。

什么能预测我们将来的成功的程度？

我们是否意识到，对于永恒的东西，我们不能改变，只能去适应它。

思想通过什么原则获得动能？

吸引法则，依靠振动法则的吸引法则，而振动法则依靠爱的法则。充满爱的思想无所不能、战无不胜。

为什么这个法则战无不胜？

因为它是大自然的法则之一。大自然的所有法则都以数学的精密运行，是不可更改、亘古长存的，没有变化的可能。

那么，为什么有时候生活中的问题却好像得不到解决呢？

就像有时候数学难题不能够得到解决一样，是因为人没有知识或没有经验。

为什么人的精神不可能接受完全不同的理念？

我们没有可以和它共振从而接受它的脑细胞。

如何获得智慧？

通过意念的集中，智慧会从内在世界慢慢展开。

第十三课

同一个世界，不同的梦想

导 论

自然科学给我们带来了我们现在这个充满了发明的奇妙时代，而精神科学现在正扬帆起航，没有人能够预测它会带来多少可能性。

过去的精神科学一直是那些目不识丁的人、迷信的人、神秘主义者的游戏，但如今人们只对精确的方法和经过证明的事实感兴趣。

我们开始知道，思考是一个精神过程，行动和事件之前必须先有预见和想象，于是，属于梦想家们的日子到来了。赫伯特·考夫曼下面这段话很有意思：

> 梦想家是伟大的建筑师，他们预见未来的能力潜藏在他们的灵魂深处，他们透过不确定的薄雾和轻纱，洞穿未来的时间之墙。他们在自己的织布机上编织自己梦幻般的未来，而装甲车轮、钢铁车轨、拧紧的螺丝等无一不是织布机上的梭子。开国的帝王为之奋战的往往不只是皇冠和宝座，他们都是梦想家，而家园就建立在他们开拓的土地之上，国家的墙壁上描绘着的正是这些梦想家的灵魂洞穿到的未来。
>
> 他们是被上天选中的少数人，为我们照亮前行的路途。帝国终有一天会轰然倒塌，帝国的围墙也是大厦将倾势不可当。潮涨潮落，将城堡从基石上剥落。腐朽的王国从时间的

主干上簌簌地落下，永恒长存的只有梦想家的梦想。

接下来的第十三课将阐述梦想家的梦想是如何实现的。这一课将解释梦想家、发明家、作家、金融家得以实现梦想的因果法则，这一法则使精神图景最终成为我们自己所拥有的。

本　论

1. 科学的倾向，也可以证明是一种需要，是通过对偶尔的例外事件进行概括来解释日常现象的，就像只有火山爆发显示出了地球内部永不停息的热能到底是什么样子的，而地球的构造正是这些热能的结果。

2. 同样的道理，瞬间的闪电展示出一种永不停息的在改变无机世界的微妙能量。正如一种作废的古语可能曾一度统治某个国家一样，在西伯利亚发现的一颗巨齿、在地球深处发现的一块化石，可以告诉我们过去时代的变迁，也同样可以解释我们今天居住的山川河谷到底是怎么来的。

3. 这种对那些偶然而异乎寻常的例外事件做出概括的方式，就如同指南针一样指导着科学上所有的发现。

4. 这个原则是建立在理性和经验的基础上的，故而，它可以摧毁迷信，使我们冲破先例和传统。

5. 培根爵士早在三百年前就提出了这种研究方法，而这个方法带来了文明国家最令人注目的物质、知识方面的繁荣，在清除人们头脑中狭隘的偏见和根深蒂固的陈旧的理论方面，它比最锋利的讽刺更加有效。它成功地把人们的注意力由天上吸引到地上，不是用尖辣的讽刺斥责人们他们到底有多么无知，而是通过令人瞠目结舌的实验来改造他们的无知。通过展示马上即可做出的有用的实验，而不是通过展示精神的内在规律，它有效地培养了人们发明创造的能力。

6. 培根的方法抓住了伟大的希腊哲人的主旨和精髓，并通过新时代新的观察手段实施出来。通过这种方法，人类逐渐打开了奇妙的知识领域，包括无限广阔的天文学领域，无限微小的胚胎学中的卵细胞，还有地理学中久远的地层。脉搏跳动的规律被发现，这是亚里士多德的逻辑学无论如何推理不出来的；化合物的分子被分解成过去毫无所知的元素，这是任何经院哲学的辩证法都分解不了的。

7. 它延长了寿命，减轻了病痛，消灭了疾病，增加了粮食产量，为航海带来安全；我们的父辈从未见过的大桥横跨大江大河，光亮从天上落到地上把夜晚照得像白昼一样灿烂夺目；人类预见未来的能力大大增加，肌肉的力量得到增强；速度加快了，距离不见了，交流、通信、公司之间的合作以及商务往来都更加便利了；人们可下五洋捉鳖，上九天揽月，还可以安安全全地深入地壳中充满瘴气的深谷。

8. 这就是归纳法的真正本质和能力所及的范围。归纳法给人带来越来越多的成功，同时这些成功的事实也越来越使我们明白它的主旨：我们必须充分利用所有我们掌握的手段和资源，仔细、耐心、精确地观察每个单独的实例，才能敢于得出普遍规律的结论。

9. 为了弄清电机不管在什么情况下都迸发出的火花到底是什么性质的，我们应该同富兰克林一起借助一只风筝的形式，斗胆向乌云询问闪电的性质；为了确定为什么物体落下会像伽利略阐述得一样精确，我们应该敢于同牛顿一起向月亮询问是什么力量把它系在了地球周围。

10. 简而言之，因为我们认定真理是有价值的，因为我们希望人类有普遍而稳定的进步，我们不允许某些不太受人欢迎的事实被武断的偏见忽视或扭曲，我们应该把科学的上层建筑建立在宽阔稳定的基础之上，不仅仅关注那些最常见的现象，还要把全部的注意力集中到那些最特殊的事实上。

11. 通过观察，我们可以收集越来越多的资料。但是，积累的大量事实对于解释自然规律来说价值各不相同。正如我们认为人类最不易出现的品质最有价值一样，自然哲学也对所有事实进行筛选，而那些最重要的也正是那些最不符合平时的观察、最不容易被平常的思考解释的现象。

12. 按照这个逻辑，如果我们发现某些人拥有不寻常的能力，我们会有什么反应呢？我们可能会说的第一句话就是：这不是事实。这就相当于承认自己的无知，因为任何一个脚踏实地致力于研究的人都会承认世界上从来都发生着很多奇怪的现象无法解释。然而，那些领略了思想神奇的创造能力的人，就不再会认为这些超能力是无法解释的了。

13. 我们第二句可能会说的话是：这些是超自然干预的结果。但是自然法则是科学，理解自然法则的人知道没有什么超自然。所有现象都有自己特定而精准的原因，所有的原因都来自永恒的法则或原理。无论是主观法则还是客观法则，它们的运行都是毫无偏差、绝对不变的。

14. 我们第三句可能会说的话是：这是“禁地”，有些东西我们不应该知道。这种反对的意见在人类迈进每一步的时候都会听到。所有提出新理念的人，像哥伦布、达尔文、伽利略、富尔顿和爱默生一样的人，都会遭到嘲弄甚至迫害。故而这个反对的声音根本不值得认真地对待。这是不值得思考的问题，不过另一方面值得我们细心思考的是我们注意到的所有事实，因为只有这样我们才能更加顺利地发现隐藏其中的规律。

15. 我们会发现，思想的创造力是我们所有的生活状态和生活经历的原因，不管是物质生活、心理生活还是精神生活。

16. 思想会根据我们占支配地位的心态改造生活。故而，如果我们对疾病产生恐惧，因为恐惧也是一种强大的思想形式，它必然带来疾病。这种诸如此类的消极思想形式会把多年的辛苦劳动和努力一扫而光。

17. 只要我们想得到某种形式的物质财富，我们就能把它紧紧地抓住。把意念集中在渴望的生活上，就能带来获得这种生活所必需的前提条件，再付出适当的努力，就会改变环境，而实现愿望必须首先改变生活环境。然而，我们常常发现，当我们获得了自己认为想要的东西时，期望中的满足感却没有出现。这意味着这种满足非常短暂，甚至可以说，满足感与我们的期望值成反比。

18. 那么，什么是获得满足感的正确方法呢？我们如何思考，才能得到我们真正想要的东西呢？你和我，我们所有人的梦想，我们每一个人所追求的，都是幸福与和谐。幸福是珍贵的。如果我们真的幸福，我们就能拥有这个世界所能给予我们的所有；如果我们自己是快乐的，周围的人也会随之幸福快乐。

19. 但是，我们必须拥有健康、力量、情投意合的朋友、适宜的环境、足够的生活给养才能快乐起来，而且我们不能满足于只拥有生活必需品，我们还要拥有我们想要赢得的舒适和奢华。

20. 旧传统的思维方式是教人成为一条“虫”，满足于自己已有的那一份，不管它到底有多少；而先进的理念教人们明白我们被赋予的都是最好的，明白“天父与我本为一体”，而且明白“天父”即宇宙精神、造物者、原初物质——所有的一切都由原初物质造就。

21. 现在，我们知道这是完全正确的理论，几千年来我们受到的教育就是这么说的，而且这个理论也是所有宗教系统和哲学体系的精华，但是，我们如何才能把这个理论转化成现实呢？我们如何才能此时此刻就得到实实在在的、看得见摸得着的结果呢？

22. 我们必须首先练习应用我们学到的理论，因为只有实践才能带来成功。运动员一生可能要读很多体育训练方面的书籍，上很多这方面的课，但是要增加力量，他就必须在实际训练中付出自己的体力。运动员付出的是什么最终收获的就绝对是什么，付出在前，收获在后。而对于我们来说也是完全如此：付出的是什么最终收获的就绝对是什么，付出在前，收获在后。我们的付出会成倍地回报我们，而且我们的付出只是一个精神过程，因为思想是“因”，环境是“果”。故而，我们只要付出各种诸如勇气、激情、健康的积极思想，我们就激活了“因”，相应的“果”一定会自然而然地出现的。

23. 思考是一种精神活动，故而是有创造性的。但是不要弄错了，没有受到有意识的、系统的、有建设性的指导的思考是没有任何创造性的。这就是空想和有建设性的思考之间的差异，空想只是浪费精力，而有建设性的思考基本上就等同于永无止境的成功。

24. 我们已经学会：生活中的一切都是遵循吸引法则来到我们身边的。如果我们意识不到幸福快乐的想法就不会关注。所以要改变的是意识，当意识发生改变，所有的生活条件都会适应变化了的意识而逐渐改变来满足新的环境的要求。

25. 创造精神图景或理想的过程，就是我们把意念投射在创造万物的宇宙精神上的过程。宇宙精神是无所不在、无所不能、无所不知的，所以，我们怎么告诉无所不知的宇宙精神应当通过哪种正确的途径来实现我们的愿望呢？有限的人怎么能去指导无限的宇宙精神呢？这就是失败的“因”，是所有失败的“因”。有些人认同宇宙精神无所不在，但却不能理解无所不在的宇宙精神也无所不知和无所不能的事实，故而，在不知不觉中就种下了失败的“因”。

26. 获得真正的幸福的最好方法就是“认识”宇宙精神的无限能量和无限智慧，而通过这个方法，我们就可以找到无限的宇宙精神“实现”我们愿望的渠道，这就是说“认识”带来“实现”。故而，你这一周的练习是：运用这个原理去理解你是整体的一部分这个事实，你和整体在本质和属性上完全相同，就算其他方面有什么不同的话，也是微不足道的。

27. 当这种伟大的思想渗透到你意识的每一个角落，并真正地理解你——不是你的身体，而是“自我”，那个“真我”，那个能够思考的精神——是这个伟大的整体不可或缺的一部分，在原料、种类和性质上和造物主本身并无不同，你能够说“天父与我本为一体”，你就能看清其实所有美好、伟大、奇妙的机遇都是你的。

请赐予我更多的智慧，

使我明白真正的幸福。

请赐给我坚定的意志，

使我追随智慧的引领。

——富兰克林

问答录

自然哲学家获得知识的方法是什么？

充分利用所有掌握的手段和资源，仔细、耐心、精确地观察每个单独的实例，然后得出普遍规律的结论。

我们怎么确保这种方法是完全正确的？

不允许武断的偏见忽视或扭曲某些我们不想看到的事实。

哪种事实被认为最有价值？

那些最不符合平时的观察、最不容易被平常的思考解释的现象。

这个原则的基础是什么？

理性和经验。

它摧毁的是什么？

迷信、先例、传统。

自然法则都是如何发现的？

通过对那些偶然而异乎寻常的例外事件作出概括。

我们如何理解那些每天都在发生的而迄今都未得到合理解释的奇异现象？

这些是精神创造力的产物。

为什么？

所有现象都有自己特定而精准的原因，它们的运行都是毫无偏差、绝对不变的。

获得了这种知识的好处是什么？

我们会发现，思想的创造力是我们所有的生活状态和生活经历的原因，不管是物质生活、心理生活，还是精神生活。

如何得到真正的幸福？

我们必须认识到：精神的本质是创造，理解了它我们就可以接触到宇宙精神的无限力量。

第十四课

抛弃负面思想

导　论

经过学习我们现在都知道了思考是精神活动，故而有创造力。但这并非说某些思想有创造力，而是所有的思想都有创造力。这个说法对某些人的情况也可以反过来说，就是都加一个否定词：他们不是某些思想没有创造力，而是所有的思想都没有创造力，因为他们专注负面的东西，心存负面的思想。

连接行为与精神的两个阶段是显意识和潜意识。潜意识和显意识的关系就像风向标和天气一样，大气稍微一变风向标就会跟着变，显意识的变化会引起潜意识中相应部分的变化，而潜意识变化的大小与显意识想法的深度和强度成正比。

故而，如果你专注于令你不满的生活而心存负面的思想，你的生活就没有了思想的创造力，根基不牢，活力衰竭。

请记住：是增长法则完全控制着客体的运作，所以专注于不快的生活而心存负面的思想，不会立刻改变你的生活。一棵毒草被连根砍断后在短时间内依然会存在，然而不久它就会枯萎、消失。把你的思想从消极负面的思考中解救出来时也是同样的情形。先放弃这些思想，然后它们的影响会缓慢而坚决地终止的。

大多数人都专注于那些令人不满的生活，而这种专注给那些消极的生活注入了充足的能量和活力，让它们快速成长起来。接下来学习的方法是同人们习惯采取的方式完全相反的过程，所以它带来的结果也是完全不一样的。

本 论

1. 宇宙能量是所有运动、光、热、色彩的源泉，也是所有结果的原因，它在所有结果之上，而不对这些结果加以限制。宇宙物质就是力量、智慧和才智的总汇。

2. 要认识宇宙物质这种智慧，就要知道人的精神是有认知力的，人可以通过自己精神的认知力靠近并接触宇宙物质，并在宇宙物质和自己的生活之间建立和谐的关系。

3. 即便最渊博的自然科学家也没有尝试过这样的智慧，对于这个领域的发现他们都是小学生。实际上，几乎所有唯物主义的流派都未曾领略过它的哪怕一缕阳光，他们还不明白，智慧就像力和物质一样无处不在。

4. 有些人可能会问，如果这些规则正确无误的话，那么为什么不用事实说话呢？既然这一基本原则显然是正确的，但为什么我们无法获得应有的结果呢？不，用事实说话，我们会得到应得的结果，而且所得的结果与我们对原则理解的程度和我们运用基本原则的能力严格成正比。要知道，在电学原理还没有被总结出来、更没有人教给我们怎么运用的时候，我们也一样不能从电学原理那里得到任何结果。

5. 明白了这些，我们与外部环境之间就能建立起一种崭新的关系，通过我们崭新的心灵状态自然而生的一系列有序的法则，在我们面前展现出从前梦想都触及不到的可能。

6. 精神是有创造力的，这一法则的基础是合理而可靠的，精神是万物的内在本质。这种创造力并非来自个体精神，而是来源于宇宙精神，因为宇宙精神是所有能量和物质的源泉，而每一个体都不过是宇宙精神分流的渠道。宇宙精神聚合在一起，通过个体精神这个中介，带来各不相同的重大变化。

7. 我们知道科学家可以把物质分解成无数的分子，这些分子又可以分解为原子，而原子又可以分解成电子。在高真空玻璃管中进行的硬金属熔端实验，有力地证明电子充满了所有的空间，它们存在于万物之中，无处不在，所有的物体都充满电子，我们所谓的真空也被霸占。这就是产生万物的宇宙物质。

8. 如果电子没有接受指令去组成原子或分子的话，它就永远是电子，而发出指令的就是精神。大量的电子围绕一个能量核心旋转就构成了原子，原子按照严格的数学比例组合就构成了分子，分子相互连接就有了种种物体，而物体是构成宇宙的基本单位。

9. 氢原子是已知的最小的原子，重量是电子的1700倍，较大的汞原子的重量是电子的30万倍。电子带负电荷，而因为电子和诸如热、光、电、思想的其他宇宙能量具有同样的速度（传播速度为189,380英里/秒），时间和空间对它来说就形同无物了。测定光速的方法说起来很有意思。

10. 丹麦天文学家罗默在1676年观察木星的卫星阴影时得出了光速的值。地球离木星最近的时候，木卫食发生的时间比预料的提前了八分半钟，而当地球离木星最远的时候，木卫食发生的时间却推迟了八分半钟。于是罗默得出结论说：从木星传来的光线需要17分钟才能横穿地球的运行轨道，也就是地球和木星之间最长和最短距离之差。这个假设后来被证实，而且由此推出光速约为186,000英里/秒。

11. 电子在身体中表现为细胞，细胞有足够的精神与智慧可以在身体结构中完美独立地完成自己的各种任务。人体的各个部分均由细胞组成：有些细胞单独运行，有些则精诚合作；有的细胞形成组织，有的产生各种人体所需的分泌物；有的负责运送养分，有的是负责修复创伤的医生；有的是清道夫，负责清扫废弃物，有的负责保护人体的工作，阻止病菌家族的入侵。

12. 这些细胞忙忙碌碌只有一个共同的目的，而每一个细胞都不只是一个有机体，它们都有足够的智慧使自己能够完成自己分内的职责，有足够的智慧可以保存能量，延续自己的生命。既然要延续生命，保存能量，细胞就必须获得充足的养分，而人们发现，它们挑选养分的时候很有眼光。

13. 所有细胞都要经历产生、裂殖、死亡、被其他细胞吸收的过程，而正是细胞的更新维持了健康和生命本身。

14. 所以毋庸赘言，身体的每一个原子都包含精神能量，这种精神能量是被动的，而人类思想的能量是主动的，所以人能够有意识地控制细胞被动的精神能量。这就是精神疗法的科学解释，它使任何人都能理解这种奇妙现象所依据的真理。

15. 这种被动的精神能量蕴涵在身体的每一个细胞之中，被称为潜意识，因为它的运行是不需要显意识干预的。但是我们知道，显意识能够影响潜意识。

16. 所有事物都是精神的产物，存在的东西都是思想的结果。这样我们就明白了，万事万物本来没有来源、难以持久，都是不可靠的。因为，思想既然造就了它们，同样也可以抹除它们。

17. 如同在自然科学中一样，在精神科学的领域，人们也在不断地试验，每次的发现都使人向着完人的方向前进一步，而完人的目标是完全可能实现的。我们发现，每个人都是他终生思想的反映，他的思想刻在他的脸上、身体上、性格上、生活环境上。

18. 每一个结果的背后都隐藏着它的原因。如果寻踪溯源，我们就能发现，因果之间遵循的法则是创造。现在，这个真理被人普遍接受，因为证据已经相当完备。

19. 一种无形的、迄今为止不可解释的力量控制着客观世界，这种力量人格化之后被我们称之为上帝。但是通过本书我们现在已经学会把它看作充斥万物的精髓或主干，即无限的宇宙精神。

20. 无限的宇宙精神无所不能，拥有无尽的资源，而如果我们还知道它也是无所不在的，我们就不会下错结论，即我们自身也是宇宙精神的一种表现或彰显。

21. 领悟并认同了潜意识这种精神资源，我们会知道，潜意识和宇宙精神之间的差别只是程度不同。它们的差异就像一滴水和海洋的差异，种类和性质完全相同，唯一的差别只是程度不同。

22. 你理解这个事实的重要性，明白对这个事实的领悟会让你接触无所不能的宇宙精神吗？能理解吗？潜意识是连接宇宙精神和显意识的桥梁，显意识能够主动指导思想，而潜意识则把思想注入行动中，这些都是毋庸赘言的。既然潜意识与宇宙精神本为一体，那么它的能力显然是没有极限的。

23. 对这个原理精确的领悟可以帮你理解为什么祈祷可以带来神奇结果的原因，这种神奇的结果并非由于上帝的眷顾，正相反，其中没有任何神秘的或是宗教的成分，因为这结果源于完美地运行着的自然法则。

24. 对正确思想的训练是非常必要的，而且显而易见错误的思想会带来失败的恶果，但是仍然有很多人不愿意接受训练。

25. 思想是唯一的现实，环境不过是思想的外在表现。一旦思想改变，所有外在物质的环境都会随之发生变化，所以，我们必须和环境的创造者保持和谐一致，而它就是思想。

26. 但思想必须明朗、坚实、确定、不变、持久。你不该进一步而退两步，也不该浪费二三十年的时间用消极思想建成消极的生活环境，而妄想通过十五、二十分钟的正面思考马上消除消极的思想带来的消极环境。

27. 如果你想要通过这种必要的训练让自己的生活发生彻底的变化，你就必须在仔细全面思考过这个问题之后，全身心地去锻炼。还有，不要让任何问题影响到你已经做好的决定。

28. 这种锻炼，这种可以带来思想转变的锻炼，会改变你的心态，不仅给你带来物质财富的莫大幸福，还有通常幸福，即所谓健康的身体和快乐的生活。

29. 如果你想要快乐的生活，你首先应该建立一个快乐的心态。

30. 你的外在世界是内在世界的倒影。

31. 本周的练习是：专注和谐。我说专注，是彻底的专注，要全神贯注，深沉迫切，直到除了和谐之外心中了无他物。我们以前学过，还记得吗？我们必须做才能学会。仅仅阅读这些可能对你毫无用处，它们真正的价值在于对它们的实际应用。

学会关上你的大门，如果有什么东西试图进入你的心灵、你的世界，只要它不是明显能给你的未来带来特定的好处的，把它关在门外吧！

——乔治·马修·亚当斯

问答录

什么是力量、智慧和才智的源泉？

宇宙精神。

所有运动、光、热、色彩的源泉是什么？

宇宙能量。

思想的创造力来源何在？

宇宙精神。

什么是思考？

精神的运动。

宇宙精神在形式上分化的过程是什么样的？

宇宙精神通过每一个体聚合在一起，带来各不相同的重大变化。

能不能具体解释宇宙精神是如何通过个体起作用的？

个人思考的力量使他能够作用于宇宙精神，使宇宙精神得以彰显。

宇宙精神的最初形态是什么？

电子，无所不在的电子。

万事万物的源泉是什么？

精神。

思想变化的结果是什么？

环境的变化。

和谐的心态的好处是什么？

和谐的生活环境。

第十五课

洞察自然法则

导 论

洛克菲勒学院的教授雅克·洛克博士曾拿植物中的害虫做实验，结果发现即使最低等的生命也懂得利用自然法则。

“为了获得素材，把盆栽的玫瑰放在房间中关着的窗户前面。如果让这棵植物自然枯萎，本来没有翅膀的蚜虫（植株上的害虫）就长出了翅膀，然后它们离开这株植物，飞向窗口，沿着玻璃往上爬。”

显然，这些小生命发现它们曾经赖以生存的植物已经死了，所以再也无法从这株植物上获得任何食物，而它们逃离饥饿、拯救自己的唯一办法就是临时长出翅膀，然后飞走，于是它们就这么做了。

这样的试验表明，即使是最小的生命也能够在紧急关头利用这种无所不知、无所不能、无所不在的力量。

第十五课将带我们深入学习生命的法则，阐明为什么生命法则的运行、我们所有的生活经历和条件都会给我们带来益处，为什么我们付出多少努力，就会获得多少力量，还有，为什么如果我们能够自觉地运用自然法则，我们就会获得幸福。

本 论

1. 生命的各种法则，设计之初都是为了实现我们的利益，而所有的人都无法逃脱这些永恒法则的作用。

2. 所有伟大而永恒的力量都在庄严肃穆地运行着，但是我们有能力让自己与它们保持和谐一致，以获得相对平和而幸福的生活。

3. 只要困难、不协调、障碍出现，就表明我们或者是不愿放弃自己不再需要的东西，或者是不愿接受我们自己需要的东西。

4. 成长是一个以旧换新的过程，是一个把好变成更好的过程。生长是一个相对的过程，是双向的，因为我们每个人都是一个盈满的思想实体，这种盈满要求我们先给予才能得到。

5. 如果我们固守现在的拥有，就不可能获得所需要的东西。如果我们知道自己的思想给我们带来的经历的作用是什么的话，我们就能主动控制我们的生活，并从每一次经历中吸取对我们自身有益的元素，这些有益元素是我们进一步成长所需的养分。我们吸取养分的能力的大小决定着我们将来的幸福或者和谐是什么程度。

6. 这种运用我们成长所需的养料的能力，会随着我们境界的提升和视野的开阔而逐步增强；随着我们越来越明白自己的成长需要什么，越来越能识别我们需要的东西在哪里，我们也会越来越能把它们吸引到自己身边，吸收它们。其结果是，我们不需要的东西全都不会来到我们身边。

7. 所有我们吸引到身边的生活经历和状态都是为我们效劳而来的。困难和障碍会接踵而至，直到我们吸取了它们的智慧并积累了进一步成长所需的足够养分。

8.“种瓜得瓜，种豆得豆”这句话像数学推理一样精确。我们为战胜困难付出多少努力，宇宙精神就赐给我们多少永恒力量。

9. 成长是生命永恒的要求，成长要求我们尽量吸引那些与我们完全一致的东西。只要我们能领悟并主动应用自然法则，我们就能获得完美的幸福。

10. 只有充满爱的思想才能带给我们生命的活力。爱是情感的产物，而情感是杂乱的，所以我们完全有必要用智慧和理性来指导和控制情感。

11. 爱赋予思想以生命力，然后思想才能发芽。吸引法则就是爱的法则，两者本为一体，正是吸引法则为思想的成长和成熟带来必需的原料。

12. 思想最初的形态是语言，也就是说，语言非常重要，因为思想外化的第一步就是语言。语言之舟承载着思想，用声音的形式，把思想传达给别人。

13. 思想引起各种行动，但无论是什么样的行动，都仅仅是思想试图以可见的形式外化出来的。所以显然，如果我们渴求心仪的生活境遇，我们应当一开始就先构建好自己心仪的生活境遇。

14. 这就导出了一个定论：如果我们希望得到财富，我们必须只思考财富。因为语言是成形的思想，我们就必须只使用有建设性的和谐的语言，这样，当语言最终化成现实的时候才对我们大有裨益。

15. 心灵是胶卷，语言是光线，我们不断地用语言让自己的思想曝光，这是一个不可避免的过程。当我们使用了不当的语言，也就是说一些与我们的幸福相背离的语言时，有害的思想也就像影像一样投向了心灵的胶卷。

16. 我们的思想越清晰，品位越高，我们的生命彰显的也就越多。我们所运用的语言图像越清晰明确，属于低级思想的错误概念渐渐地被摒弃，这时，我们生命的彰显也就会越来越轻松，越来越容易。

17. 我们必须通过语言来表达思想。当我们运用高层次的真理的时候，我们的语言也必须用高层次的标准，我们必须审慎而明智地选取得体的语言才配得上这种高层次的真理。

18. 能否以语言的形式表现思想的奇妙能力是人与动物的界限。因为人类使用书面语言，我们可以回首过去数世纪的记忆，回忆那些激动人心的画面，看看人类自己是如何变成现在的样子的。

19. 人类可以与历史上伟大的作家和思想家交流，而我们今天拥有的所有文字记载的综合，正是宇宙精神的记载，以及宇宙精神如何在人类精神中寻求表达的历史的记载。

20. 我们知道，宇宙精神的目的就是寻找自己得以成形的途径，而个体精神也同样在努力使自己成形。我们也知道，单词是思想的一种形式，而一个句子就是思想形式的一种综合。故而，如果我们希望自己的理想美好而强大，我们就必须认识到：理想的宫殿是由语言堆砌而成的，我们必须保证我们的语言是精确的，三思而后言，因为能够精确地选择词句是所有先进文明建筑的共同形式，也是通往成功的通行证之一。

21. 语言就是思想，故而语言也是一种无形却战无不胜的力量，而语言形式的优劣最终会决定它变成的现实是什么样子的。

22. 语言可以成为永恒存在的精神殿堂，也会成为一阵风就会吹散的茅屋。语言文字能悦人耳目，能包罗所有的知识。我们通过语言寻找过往的历史，洞悉未来的希望。语言是生机勃勃的先驱，随之而来的是所有常人和超人的行动。

23. 心灵美才能语言美，思想有力量语言才能有力量，而思想的力量取决于思想是否有活力。那么我们该怎样辨别有活力的思想呢？它有别于死气沉沉的思想的特征是什么呢？生机勃勃的思想一定遵循一定的规律，那么这规律是什么呢？

24. 数学有定律，伪学无章循；真理循规矩，谎言随意造；生财有其道，致贫无可依；体健有为法，病疾自招来；光明循其法，黑暗无其道。

25. 我们如何才能确定这些规律是正确的道理呢？通过运用去检验。我们通过各种规律，确切地运算出数学上的结果；认识了真理，谬误就不能欺蒙我们的双眼；获得了财富，贫穷就跑得无影无形了；获得了健康，我们的身体就远离了疾病；获得了光明，黑暗就遁形了。所以，这些规律都是正确的。

26. 其实这些都是不言自明的事实，但人们好像容易忽略一个极其重要的真理——凡是有理可循的思想都有生机，所以都是生命，所以他们能够生根、生长，最终代替负面思想，因为凡是消极的思想都是无源之水，无本之木。

27. 懂得了上述这个真理可以帮助你摧毁所有的混乱、贫穷、局限。

28. 毋庸置疑，那些“有足够领悟力的智者”轻而易举就能看清：思想的创造力把一件所向无敌的武器放在了他的手上，使他成为自己命运的主人。

29. 物质世界中有守恒法则：“能量可以从一个物体转移到别的物体，在转移的过程中其总量不变。”所以我们明白，我们得到的只能是我们付出的东西，我们有什么样的行动，就必须为这个行动的发展带来的结果负责。潜意识没有推理能力，我们告诉它什么它就做什么，我们向它要什么，它就给我们什么。就像我们自己布置好床铺，然后就睡在上面一样，一切都已经成为定数，因为我们为自己构设了蓝图，潜意识会按照我们构想的蓝图缝制我们的现实生活。

30. 因为潜意识没有推理能力，所以我们必须锻炼自己的洞察力来过滤自己的思想，扼杀那些我们不希望长成现实的萌芽，不论它是精神萌芽、道德萌芽还是身体方面的萌芽。

31. 洞察力是精神的一种能力。有了这个望远镜，我们就能用长远的眼光审视周围的环境和发生的事情，无论做什么事情我们都能认识困难、把握所有的可能性。

32. 有了洞察力我们就能做好准备破除障碍，将这些障碍在引起困难之前扼杀在摇篮里。

33. 有了洞察力我们就能妥善规划，正确地引导我们的思想和注意力，带来丰足的回报。

34. 所有伟大成就的发展都必然离不开洞察力，有了它，我们便能够进军、探索并占有所有精神领域。

35. 洞察力是内在世界的产物，通过集中意念在“宁静”中产生。

36. 你本周的练习就是关注“洞察力”。在以前的位置上坐好，集中精力思考这些事实：了解思想的创造力并不等于掌握了思考的艺术，知识本身并不会运用自己；我们的行动并非受知识主动地支配，而是取决于习性、习惯和思维模式；我们唯一可以运用知识的方法就是坚决而主动地去做。思考这个事实：知识不运用就会从大脑中溜走，知识的价值在于被运用。沿着这条思路走下去，你的洞察力将有能力针对你自己的特定问题，运用知识法则制订出特定的方案。

真诚地思考，

所思可以解救世界饥荒；

真诚地说话，

所言即是即将带来累累果实的种子；

真诚地行动，

所为可使生命伟大而高贵。

——霍雷肖·博纳

问答录

什么决定着我们可以获得的和谐的程度？

我们通过所有经历为自己的成长提供的所需的能力。

困难和障碍是什么？

我们的智慧和精神成长的必需之物。

如何克服困难？

主动去领悟自然法则并努力与之协调合作。

思想如何外化成客观物？

通过吸引法则。

思想的成长、发展、成熟所必需的材料是如何获得的？

通过爱的法则，它是宇宙的创造原则，为思想注入活力，而吸引法则通过增长法则带来必需的物质。

如何获得令人向往的生活环境？

仅仅通过向往这样的生活。

讨厌的生活是如何产生的？

思考、讨论或构想贫穷、缺陷、疾病、不谐、失调等都会导致讨厌的生活环境。头脑中对错误的概念的影像会被潜意识误以为真，通过吸引法则必将使这些思想以某种形式变成现实。“种瓜得瓜，种豆得豆”这句话非常科学，非常准确。

我们该如何克服各种恐惧、胆怯、局限、贫乏和失调？

以正确的原则取代错误的观念。

如何才能认识正确的原则？

只要我们明确地知道真理定会战胜谬误这一事实。我们不用费力地把黑暗一点一点清除，只要打开灯就行了。同样的原理也适用于任何一种形式的消极思想。

洞察力的价值何在？

有了洞察力，我们就能理解对所学知识进行应用的价值。很多人觉得知识可以自发地应用自己，这绝对是不对的。

第十六课

种瓜得瓜，种豆得豆

导 论

地球这个小宇宙的律动由周期规律掌管，所有的生命都经历诞生、成长、结果和衰亡的过程，这些过程由“七之律法”支配。

“七之律法”支配每周的七天，月盈月亏，还有声、光、热、电、磁和原子结构的和谐。它支配着人的生活和国家生活，也主宰着商业世界的种种活动。

生命在于成长，成长在于改变。每隔七年的周期带我们进入一个新的阶段：第一个七年是婴儿期；第二个七年是儿童期，代表个人责任的开始；第三个七年是青春期；第四个七年代表个人达到完全的成熟；第五个七年是建设期，人开始获得财富、财产、家庭和新的家人；从35岁到42岁的七年是反馈和变动的阶段；之后是一个重建、调整和恢复的阶段；然后，从50岁开始，又开始了人生的另一个七年。

有很多人认为，如果把世界比做人的话，世界即将走完上述的第六个阶段，进入第七个阶段，一个调整、重构与协调的阶段，也就是人们常说的“千禧年”。

所有熟悉这种循环的人都不会遇到不顺的事情就沮丧，他们可以运用在我们的课程中学到的法则，坚信有一个极致法则支配着其他所有的法则，并通过理解和主动应用精神法则把所有表面上看似困难的处境变成幸福。

本　论

1. 财富是劳动的产物。资本是“果”而不是“因”，是仆人而不是主人，是手段而不是目的。

2. 财富最被人接受的定义是：财富是具有交换价值的对人有用和令人愉悦的事物。财富的主要属性就是它的交换价值。

3. 当我们认识到财富给财富拥有者带来的只是小小的快乐，我们就能发现它真正的价值在于交换价值，而不是实用性。

4. 交换价值把财富变成一种媒介，一种可以保证我们理想实现的真正有价值的东西。

5. 不应该把财富视为目的，应当仅仅把它当成达到目的的手段。成功取决于比财富更高的理想。凡是渴望成功的人，都必须构建一个可以使自己倾心为之奋斗的理想。

6. 心里有了这样的理想，你就能并必将获得实现理想的途径和方法，但记住不要错把途径当成目的。一定要有一个明确的、持之以恒的目标或理想。

7. 普仁提斯·马尔福德说过：“成功人士都是充满极致精神领悟力的人，而所有的巨大财富都来源于超然的真正的精神能量。”但很不幸，很多人不认同这种能量，他们可能忘记了安德鲁·卡内基刚刚来到美国时，他的母亲不得不去帮人做事贴补家用，养活家人；

哈里曼的父亲是一个穷牧师，每年只有200美元的收入；而托马斯·利普顿勋爵的成功仅仅开始于25美分。这些人没有什么其他的力量可以指望，但精神力量并没有让他们失望。

8. 创造的力量完全取决于精神的力量，精神力量的产生有三个步骤：理想化、构想、实现，而工业大亨无不依靠这种力量。在《人人杂志》的一篇文章中，石油大亨百万富翁亨利·M. 弗莱格勒承认他自己成功的秘诀在于他全面地看问题的能力。

9. 以下这段与记者的对话表明了他的理想化、构想、集中意念的精神力量："你有没有过向自己描述事物整体图景的经历？我是说，你是否做过，或者能够做到闭上眼睛还能看见轨道，看到火车在轨道上飞奔，听到汽笛呜呜的轰鸣？你是否有这样的经历呢？""是的。""清晰吗？""非常清晰。"

10. 从这段对话里我们看到了法则，看到了因果法则，我们知道思想毫无疑问先于行动并决定着行动。如果我们够聪明，就能认识到这个重要的事实：偶然的东西一个也没有，人的任何经历都只是和谐有序的因果法则的结果。

11. 成功的商人多半都是理想主义者，他们朝着越来越高的标准不断迈进。而生活正是一点一滴的思想在我们每日的心境中不断结晶的结果。

12. 我们对生活的概念不断丰满，而可塑性很强的思考就是我们可以用来建构蓝图的原材料。可用性决定着事物的存在。要想成功，不管你面对的是什么，都必须对你要做的事情进行充分的认识并对它的可用性进行合乎情理的使用。

13. 早熟的财富仅仅是灾难和羞辱的开始。因为，如果财富不是我们努力所得而不配得到的话，那我们就无法永远占有它。

14. 外在世界中的种种际遇，都和内在世界中的内容一一对应，这是由吸引法则决定的。那么，我们该怎样决定哪些事物可以进入我们的内在世界呢？

15. 通过感官或者显意识进入我们内在世界的事物，都会在我们的潜意识中打下印记，形成精神图景，而创造力按照精神图景指明的模式发挥作用。进入内在世界的经历大部分是环境、机会、往日的思考包括某些负面思想的结果，故而它们在进入我们的潜意识之前必须经过仔细的分析。另一方面，我们也可以通过我们内在的思维过程创造自己的精神图景，而无须顾虑他人的思想、种种不同的际遇和外部环境。如果我们拥有了这种自主创造精神图景的力量，我们必能掌握自己的命运、身体、精神和灵魂。

16. 通过运用这种力量，我们能够把我们的命运从偶然性的手中解放出来，并且自觉地为自己创造出我们渴望的经历，因为如果我们自觉地去为实现某种生活而努力，这种生活最终会变成现实的。故而，归根结底，思想是生命唯一而伟大的原动力。

17. 所以，掌控了思想就掌握了环境、际遇、生活、命运。

18. 我们怎样才能控制思想呢？过程又是什么样的呢？思考就是创造思想，而思想的结果取决于它的形式、性质和生命力。

19. 思想的形式取决于产生它的精神图景，取决于印象的深刻与否、主要心态、在头脑中构想的清晰度还有这幅图景的胆识和魄力。

20. 思想的性质取决于它的内容，也就是构建思想的材料。如果思想的材料是勇气、胆识、力量、坚强，那么它所纺织出来的思想也必然如此。

21. 最后，思想的生命力取决于思想里蕴藏的情感。有建设性的思想是充满活力的，像一个生命，能够成长、发展、壮大，有创造性，它会为自己的成长吸取所有所需的养分。

22. 如果思想有破坏性，那么它自身之内就含有分解自己的萌芽。

这个思想必定会消亡，但在消亡的过程中它会给我们带来病痛、疾病还有所有其他形式的不协调。

23. 我们称这些不协调为“恶”，而“恶”都是我们自己招来的。有些人倾向于把所有这些困苦都归咎于超然的存在，但这所谓的超然的存在不过是我们自己的精神而已，关键在于它是平衡和谐的还是失衡不和的。

24. 它本身既不“善”，也不“恶”，它只是它自己。

25. 而我们可以把它分化成不同的形式,从而实现“善”和“恶”。

26. 故而，“善”和“恶”都不是实实在在的，我们仅仅是用它们来描述我们行动的结果，而行动是受思想的性质决定的。

27. 如果我们的思想有建设性、和谐,我们得到的就是“善”;相反，如果我们的思想有破坏性、不和谐，我们得到的就是“恶”。

28. 如果我们想要创造一个全新的环境,所有我们需要做的就是:在头脑中构建并抓住一个理想，直到这个幻影变得清晰；不要去考虑人、地、事这些东西，因为它们都不是绝对的；你渴望的环境本身就蕴涵着所有所需的东西，合适的人和合适的事会在适当的时间和适当的地点自动现身。

29. 有时候我们可能解释不清构想的力量是如何控制我们的性格、能力、成绩、成就、环境和命运的,但这绝对是完全正确的事实。

30. 你其实很容易就能明白，我们的所思所想决定我们的精神状态，而我们的精神状态又决定我们包括精神力量在内的各种能力。其实也很容易明白，提高了的能力自然带给我们各种成就和收获，也使我们能更好地控制我们的环境。

31. 故而能够看出，自然法则的运行是完美、和谐的，所有看起来都“是那么回事”。如果你需要证据，那么就比较一下自己生活中的种种努力和得到的结果吧：一个高尚的目标催生的努力的结果和自私自利的动机催生的行动的结果是全然不同的。这些证据已经足够了，你不再需要更多的证据了。

32. 在你的心灵中绘制一幅成功的画面，有意识地在头脑中构想你的愿望，你就能实现你的愿望，这是一个非常科学的过程，这个过程会将你推向成功。

33. 我们肉眼只能看到客观世界中的东西，而我们通过构想可以看到精神世界中已然存在的东西，构想很重要，它标志并预示着将要在客观世界中出现的事物，只要我们坚持我们的理想图景。原因并不复杂：构想是一种想象，思考的过程在精神中留下印记，这些印记形成观念和理想，观念和理想形成计划，而宇宙精神这个伟大的建筑师正是通过这些计划筑造我们的未来的。

34. 心理学家已经得出结论：人只有一种感官，就是情感，其他感官都是情感的变体。知道了这一点，我们就能明白为什么情感是所有力量的源泉，为什么情感能够轻易战胜理智，而且，如果我们想要得到什么成就的话，我们的思想中必须要注入全部的感情。思想和情感的结合，战无不胜。

35. 当然，构想必须受到意志的指导，我们必须只构想我们想要得到的东西，绝对不能毫无节制地放纵想象。想象力是一个很好的仆人，但却是一个糟糕的主人，必须受到很好的约束，否则它就会使我们陷入各种各样的空想和毫无事实根据的结论中。如果不加以分析检查，我们的心灵就很容易接受各种似是而非的观点，从而导致精神上的混乱。

36. 故而，我们必须并且只能构想绝对正确的精神图景。任何的理念都要经过透彻的分析，把所有不是完全准确的东西一律摒弃。只有这样，你才能只做那些你能够完成的事情，而成功将为你的奋斗加冕。这就是商人所说的远见，它与洞察力非常相似，是所有伟大的事业成功的奥秘之一。

37. 你本周的练习是：使自己意识到一个重要的事实，那就是和谐和幸福这种心态并不取决于占有物的多寡，生活是结果，是正确的心态的结果。故而，如果我们想要获得物质财富，我们就必须先有能给我们带来想要的结果的心态。要想获得这种心态，我们就要知道精神的本质，并且认识到我们与万物之源的宇宙精神是一体的。认识到这些我们就获得了完美幸福的前提条件。这种思维方式才是科学的、正确的。当我们成功地拥有了这种精神状态，实现所有愿望就近在咫尺了；当我们做到这些，我们就能找到使我们得以“自由”的“真理”，使我们免于遭受所有贫乏和局限之苦的真理。

一个人能够构想一颗星，把它在某个轨道上放飞。但是这一壮举必须在上帝放飞金色的思想之星、并让它在历代人中运行之后。

——H. W. 比彻

一个时代最伟大的成就就是它最优秀的思想，思想的本质就是在行动中寻找出路。

——波维

问答录

获得财富依靠什么？

依靠对于思想和创造力本质的理解。

财富的真正价值是什么？

交换价值。

获得成功依靠什么？

精神力量。

精神力量取决于什么？

取决于运用，运用决定存在。

如何从偶然性手里把命运夺过来？

主动想象我们渴望的生活条件变成现实。

生命的伟大事业是什么？

思考。

为什么？

因为思想是精神，所以具有创造力，主动控制思想就是主动控制环境、条件和命运。

所有“恶”来源于哪里？

有破坏性的思考。

所有“善”来源于何处？

完全正确的思想。

什么是完全正确的科学的思想？

领悟精神能量的创造力，我们能控制自己的精神能量。

第十七课

独处

导 论

一个人自觉或不自觉崇拜的神能反映一个人的智慧状况：向一个印度人询问什么是神，他会向你描述一个庞大部落的强健的酋长；问一个异教徒什么是神，他会告诉你火神、水神，或者这神那神之类；问以色列人什么是神，他会告诉你摩西的神，他认为可以用强力统治而颁布十诫，或者他会告诉你约书亚的神，他带领以色列人攻城略地，屠杀俘虏，抢夺财产，把所到之处夷为平地。

所谓的异教徒把自己的神雕刻成偶像，他们习惯于向这些偶像跪拜，但是对于他们之中少数的智者来说，这些偶像仅仅是可视的支点，可以用来集中自己渴望得到的生活的意念的支点。

20世纪的我们，理论上崇拜“仁慈的上帝”，然而实际上我们为自己雕刻了“财富”“权力”“时尚”“习俗”“传统”等偶像，屈身跪拜。我们把意念集中在它们身上，而它们也因此在我们的生活中得以实现。

领会了第十七课内容的学生们将不会错把表象当成现实，会关注“因”，而非“果”，他们将关注生活的实际情况，所以会收获满意的结果。

本　论

1. 我们知道人类为“万物主宰”，这种主宰是通过精神建立起来的，而思想是一种统管生活表面下的所有规律的主要法则。在本质和属性上都处于最高级别的思想必定决定着所有环境、境遇还有所有其他思想所能触及的事物。

2. 精神力量因为其振动是最精致的振动，所以也是所有力量中最强大的力量。那些领略到精神力量的特性和优越性的人，会认为所有物质的力量都微不足道。

3. 我们习惯于通过五官的镜头去观察这个宇宙，通过这些经验我们知道万事万物都有灵性。但这只是初步的，真理性的观念只有通过精神的洞察力才能获得。要得到精神洞察力必须加速精神的振动，朝着一个固定的方向坚持不懈地集中意念。

4. 所谓坚持不懈的意念集中就是思想平衡连贯的流动，只有耐心、坚持不懈、有序的人才能做到。

5. 伟大的发现都是长期钻研的结果。要掌握数学需要成年累月集中精力的努力，而最伟大的精神科学也只有通过集中意念才能揭示其中的奥秘。

6. 对集中意念通常有一个误解，似乎总觉得集中意念需要付出很多努力，但实际情况正好相反。优秀的演员取得成功的关键在于他能在表演时忘却自己的身份，使自己与所扮演的角色完全等同，并用真实的表演来打动观众。通过这件事你就能明白什么是真正的意念集中:你必须完全沉浸在你的思想中，沉浸在你所关注的对象中，全然忘却其他所有不相关的事情。如此集中意念会引发直觉的感知力、直接的洞察力，让你能看透你所关注的对象的本质。

7. 通过这样的集中意念，我们发现了所有学科的知识，获悉了天堂和人世的奥秘，心灵成为一块磁石，你的渴望所向披靡地吸取渴望的内容，吸收知识和智慧为己所用。

8. 绝大多数的渴望都是潜意识的内容，显意识的渴望很少能在客观世界中实现，除非这个渴望的对象唾手可得。潜意识的渴望能够激发心灵的潜能，使难题自动解决。

9. 集中意念能够激发潜意识，指导它按照一定的方向去实现我们各式各样的愿望。如何做到集中意念？它包括对身体、精神和物质世界的控制。意识的所有对象，不管是精神的、身体的还是物质世界的，都必须在你的掌控之中。

10. 故而，对精神的真理性认识就很重要了，它能使你打破对成功的限制，使你把思想转化成性格和意识。

11. 意念的集中不只是思考，而是把思考化做实际价值的过程。一般人对意念的集中如同盲人摸象不知其所以然，他们急欲获得，却不知道修养自身，他们不懂得必须先修养自身才能取得成就，他们不了解必须先找到“领土”才能往“领土”上添加东西。一时的热情毫无用处，只有永远的自信才能助你成功达到目标。

12. 精神可能会把理想定得过高，却发现没有能力去完成；心灵可能挥动着不成熟的翅膀翱翔，却发现还没有高飞就跌落下来；但是这都不能成为我们停止尝试的理由。

13. 软弱或是出于肉体的局限或是出于精神中的不确定要素，

而它是取得精神成就的唯一障碍，所以你应当不断地尝试，因为游刃有余的完美正来源于不断的重复。

14. 天文学家集中精力在星体上，然后发现了星体的奥秘；地质学家集中精力在地底的构造上，然后我们就有了地质学。其实一切事物都是这样。显而易见，正因为人们把精力集中在生活的问题上，然后我们就改变了宽广而复杂的社会结构。

15. 一切精神发现和精神成就都源于热切的渴望与意念的集中，因为渴望是最强大的行为模式。渴望越是坚定不移，得到的效果就越接近渴望的效果。渴望加上意念集中，我们就能向自然界的一切奥秘挑战。

16. 在实现伟大的渴望并经历实现它们时的情感的过程中，精神会渐渐适应能够欣赏更高事物的价值的状态。

17. 集中热切的意念，加上对实现与获取的长久渴望，即使只是一小段时间，也可能会比长年累月消极、缓慢、松弛的努力产生更多的效果。意念的集中可以打开疑惑、软弱、无力、自卑的枷锁，为你带来征服的快感。

18. 坚持不懈的精神努力促进你的进取精神和独创性的发展。商业活动开发人的意念集中能力和果断的性格，开发实践中的洞察力以及迅速得出结论的能力。精神要素在每一宗商业活动中都占主导地位，而渴望就是先决性的力量。一切商业关系都是渴望的客观化。

19. 商业活动可以培养很多坚定的真正的美德：精神得到稳定、定向的引导，精神活动的效率不断增强。商业活动中最需要加强的是精神，必须使精神不受到反复无常的本能冲动的左右和干扰，从而成功地克服低级自我和高级自我之间的冲突。

20. 人人都是一台发电机，但发电机本身什么也做不了。只有精神才能使发电机有用，让它运转起来，把它产生的能量有效地集中起来。精神又可以比作一台有着无法估量能量的引擎，而思想就是无所不能的力量。思想是一切有形物的创造者，一切外部事件的统治者。和思想无所不能的力量相比，物质的力量微不足道，因为思想是人用来支配一切自然的力量。

21. 振动是思想的运动方式，是思想借以伸展并获取建筑、构造所需的物质材料的手段。思想的能量毫不神秘，带来思想的能量的意念集中只不过是意识被聚焦在对象上罢了。身体的本质就是摄入的食物，同理，精神也需要摄入它所关注的客体，并将生命和生命力注入客体。

22. 如果意念集中在某些重要的事情上面，直觉的力量就开始运作，开始帮助你，并带来能引导你走向成功的信息。

23. 直觉不需通过经验和记忆就可以得到答案，直觉能够解决的问题通常都超过了理性能够理解的范畴。直觉常常出其不意地给你带来惊喜，它出其不意地直接命中我们苦苦寻求的真理，让我们感觉它似乎是一种超自然力量。直觉可以被培养、开发。为了培养直觉，你必须要认识它、欣赏它。如果直觉来到时受到皇室的礼遇，它还会再次光临，礼遇越热忱，它的光临就越频繁；但如果你对它不理不睬或视而不见，它就会很少涉足你这里，与你越来越远。

24. 获得直觉通常需要“沉寂”。伟大的精神往往偏爱独处。正是在沉寂中，许多重大的生命问题得以解决。所以，凡是成功的商业大亨都有独立的办公室，借以免受外界的干扰。如果你没有单独的办公室，你至少可以找到一个每天可以独自一人待几分钟的地方来训练你的思维、开发自己的能力，这种能力是非常有必要的，它能让你战无不胜。

25. 请牢记：从根本上讲，潜意识是无所不能的，当潜意识行动起来，它所能取得的效果是无边无际的。你取得的成就的程度取决了你愿望的本质：如果你的愿望与自然法则和宇宙精神相和谐，潜意识就会慢慢解放你的精神，并赐予你战无不胜的勇气。

26. 你取得的每一次胜利、克服的每一个障碍，都能使你对自己的力量更加自信，这样，你就有了更大的力量去取得更多的胜利。你的精神状态决定你的勇气，如果你表现出自信的精神状态，并充满了坚定不移的信念，你潜意识内无言的需求就能被无形的领域满足。

27. 只要你对头脑中的想法坚持不懈，这些想法就会渐渐在客观世界中成形。明确的目标本身就是一个动因，它在无形的领域为你找到一切达到目标所需的材料。

28. 你现在所追求的可能是力量的符号而不是力量本身：名声而不是荣誉，财富而不是富足，地位而不是支配权。如果是这样的话，你得到它们的时候就会发现，这些其实都只是梦幻泡影。

29. 早熟的富足或地位必不能持久，因为那些并不是你辛苦得来的。有付出才能有回报，而那些不想付出只想收获的人往往会发现，守恒法则无情地运行，付出与收回保持着精确的平衡。

30. 人们竞相追逐的往往是财富及其他所有的力量符号。但如果领悟了真正的力量之源的话，我们就能够完全忽视它们了。一个拥有巨额支票的人会觉得把口袋里装满黄金纯属多余之举。同理，找到了真正的力量之源的人，便不再会对力量的符号感兴趣了。

31. 思想会改变外在世界，但是如果把思想对准内在世界，思想就会把握事物的基本准则，并领会事物的核心和精神。如果能把握万物的本质，你就能相对容易地领悟它们，使它们听命于你。

32. 原因就是事物的精神实质是事物的内在，是它的核心，是它的真实存在，外部形态只是内在精神的外化罢了。

33. 你本周的练习是：尽可能准确地按照本课中所描述的方法集

中意念。不要有意地去为实现目标做什么，完全放松下来，不要对效果杞人忧天。请牢记：力量是在放松的情况下得到的。凝神思考你关注的目标，你的意念会与它完全融合，你会意识不到其他事物的存在。

34. 如果你想驱除恐惧，那么把意念集中在勇气上吧！

35. 如果你想驱除贫穷，那么把意念集中在富足上吧！

36. 如果你想驱除疾病，那么把意念集中在健康上吧！

37. 持久地把意念集中在你的目标上吧！你要把想要实现的目标当成既成的事实。这意念就像卵细胞，能够引发“因”的生命法则，而正是这些“因”引导和指导必要联系的建立，从而使你的目标得以在现实生活中实现。

拥有思想的人，思想就是他的财富。

——爱默生

问答录

如何正确地做到意念集中？

明确思想关注的对象，然后摒除一切与此无关的其他事物。

这样集中意念会产生什么样的效果？

引发无形的力量，所以能带来与你的渴望相一致的境遇。

决定必须采用这种思维方式的因素是什么？

精神真理。

为什么？

因为我们渴望的东西必须与自然法则相和谐。

集中意念的实践价值是什么？

思想可以转化为性格，而性格是一块可以创造个体环境的磁石。

一切商业活动中的决定性因素是什么？

精神因素。

为什么？

因为精神创造并统治一切形态以及外在形态中发生的一切事。

意念的集中通过什么运行？

通过提升感知力、智慧、直觉和敏锐度。

为什么直觉高于理智？

因为直觉不依赖经验和记忆来解决问题，而是通过我们毫无所知的方式。

追求力量的符号，其效果是什么？

追求到的时候我们通常会发现这些不过是梦幻泡影，因为符号只是内在精神的外在形态，所以，除非我们能拥有精神的实质，否则，外在形态终归会化为乌有。

第十八课

思想就是力量

导　论

因为吸引法则的缘故，为了生存我们必须获得生存资料。正是吸引法则，使个体与宇宙分离开来。

设想一下，如果一个男人既不是丈夫，也不是父亲或者兄弟，如果他既不关心社会经济，也不关心政治或宗教，那么他就只能是一个抽象的理论上的人，除此之外，他就什么也不是了。所以，一个人只能存在于他和整体的联系之中，存在于他和他人的联系、他和社会的联系中。这种联系就是通过这种方式构成了他的环境。

所以显而易见，个体只是“照亮一切生在世上的人”的宇宙精神分化的一部分，而所谓的个性或人格只不过就是个体和整体的联系的方式。

人们视这种联系方式为环境，而环境是由吸引法则主导的。接下来的第十八课将探讨这一重要法则。

本 论

1. 世界上的各种思想总是在不断地变化，这种变化正在我们身边无声地发生着。思想的变化是自异教灭亡以来世界上最重大的变化。

2. 如今的这场革命在人类历史上是空前的，它正改变着不同肤色、不同种族的人的观念，无论是最上层、最有教养的阶层，还是底层的劳动阶级。

3. 现在，不计其数的科学发现揭示了无尽的资源、无数的可能、各种出人意料的力量。科学家们越来越难以肯定地称某种理论为确定无疑的，他们也极难彻底认定某些理论为荒诞不经的。

4. 这样，一个新的文明就诞生了。习俗、教条、传统都不断成为过去，远见、信念与开创精神取而代之。人类逐渐从传统的枷锁中解放出来。唯物论逐渐隐去，思想获得了解放，真理正襟危坐在惊讶不已的人群面前。

5. 现在整个世界马上就要觉醒了，世界将认识崭新的力量，一种来自我们自身的全新力量。

6. 在物理学上物质分解为分子，分子分解为原子，原子分解为量子。安布罗斯·弗莱明爵士在他给英国皇家学院的演讲中提到，我们所有剩下要做的就是把能量分解为精神了。他说："能量就其本质而言，必须被当作精神或意志的直接运转来看才能理解。”

7. 这种精神是内在的终极能量，能量存在于精神中也存在于物质中，这种能量是维持一切、使一切充满能量、无处不在的宇宙能量。

8. 一切生命都必须依靠这种无所不能的智慧而生。我们发现，不同个体生命的差异大部分取决于他们体现这种无所不能的宇宙智慧的程度。正是这种智慧使动物比植物高级，使人比动物高级。我们还发现，这种逐层递增的智慧在人类身上表现为个体控制自己的行为以及按照环境调整自身的能力。

9. 世界上最伟大的人们都关注这个调整的过程，而这个调整也不过是去认识宇宙精神中存在的秩序，因为我们知道，只要我们遵从宇宙精神，它就会对我们唯命是从。

10. 领悟了自然法则，我们现在能视时空为无物，在蓝天之上翱翔，让钢铁巨轮漂浮在水面上。智慧的程度越高，我们就越能理解自然法则，越能拥有更高的能力。

11. 领悟了个人是宇宙智慧的个体形式的人能够左右那些没有达到这种自我领悟能力的个体，因为那些个体还不知道宇宙精神无处不在，还没有做好随时行动的准备，他们还不知道宇宙精神遵循自身存在的规律而行动并能满足一切需求。

12. 思想有创造力，这是一个定律。这一定律是建立在可靠的理智的基础之上的，而且可以通过万物的内在本质加以认识。然而这种创造力并非来源于人类个体之中，而是来源于宇宙精神，因为宇宙是一切能量与物质的源泉，而个体只是宇宙能量分流的渠道罢了。

13. 宇宙通过个体遵循振动法则创造种种不同的组合，于是就有了各种现象。振动法则就是：本原物质运动的不同速率所创造出来的新物质在振动频率上与本原物质严格保持一致。

14. 思想是一种无形的联系，它把个体与宇宙、有限与无限、有形与无形联系在一起。人类能思想、领悟、感觉、行动都依靠思想的不可思议的能力。

15. 有了合适的工具，肉眼能看到几百万英里外的世界，同理，人类借助合适的领悟能力，就能与作为一切能量的源泉的宇宙精神建立起联系。

16. 领悟就好比一个内部没有录像带的录像机，它只是一个信念罢了，除此之外什么也不是。食人族也有他们的信念，但那种信念却没什么用处。

17. 唯一对人有价值的信念，就是被实践证明为真理的信念。经过检验的信念就不再仅仅是信念了，它转化成为活生生的信仰和真理。

18. 我一直说的真理已经经过无数人的检验，现在只剩下通过合适的方法运用了。

19. 如果没有足够倍数的望远镜，人要想定位遥远的星球是绝对做不到的，所以，科学必须不断发展，研制出更大、更强的望远镜。作为奖赏，人类才可以进一步了解天体。

20. 人类的领悟能力也同望远镜一样，人类在与宇宙精神及其无限的可能性相联系的方法上也在不断大踏步地进步着。

21. 宇宙精神通过吸引法则在客观世界中彰显出来，每个原子同其他的原子之间通过吸引法则都有着无穷大的引力。

22. 事物正是通过吸引法则吸引、结合，相互联系在一起的。吸引法则有普遍的意义，它是一切存在的事物的价值得以实现的法则。

23. 生长得以以优雅的形式表达出来，靠的是这个宇宙原理。

24. 为了生长，我们必须获得生长所需的一切，但我们是一个完全的思想实体，所以，我们必须先付出才能吸收。所以，成长必须以互惠行为为前提。而我们知道，在精神层面上，相似相引，精神的振动只对与自己相和谐的振动做出反响。

25. 所以显而易见，富足的思想只对富足产生反响，人的富足就是内在的自我。内在的富足是带来外在富足的秘密所在，内在的富足把外在富足吸引到你身边。人类真正的富足资源在于他的产出能力。故而，如果一个人能全身心地投入到他所从事的工作中，那他将拥有无限的成功。他不断地付出，付出的越多，收获的也越多。

26. 看看华尔街的那些金融大亨、工业大亨、政治家、大律师、发明家、大医生、大作家，除了自己的思想，他们还有什么能为人类的幸福添砖加瓦呢？

27. 思想是依靠吸引法则运行的一种能量，它最终产生的是客观世界的富足。

28. 宇宙精神是平衡的静态精神或物质，而思想是精神的动态阶段，我们的思考能力可以使宇宙精神分化为不同的形式。

29. 力量的大小取决于对力量认识的程度。如果我们不用力量，力量就荒废了；而如果我们压根不认识它，它就毫无价值。

30. 运用精神力量依赖我们意念的集中，意念集中的程度决定着我们获得知识的能力，而知识就是力量。

31. 意念的集中能力是所有天才的实质，而练习和实践是意念集中能力的基础。

32. 兴趣是意念集中的原动力。兴趣越高，意念越能集中，而意念越集中，兴趣就越大：意念集中和兴趣之间的关系是作用和反作用的互相促进的关系。我们必须先集中意念，不久我们就会产生兴趣，然后，兴趣的积累会引起更多的意念集中，接着，意念的集中会给你带来更多的兴趣……这样不断地循环往复。这种练习可以培养你集中意念的能力。

33. 本周的练习是把意念集中在你自己的创造能力上，努力寻找你自己的洞察力和感知能力，为自己内在的信仰找到逻辑基础。先把思想集中在这个事实上：个人肉体的生存和行动必须依靠吸入有机的空气来维持，人必须呼吸才能存活。然后让思想专注在这个事实上：人精神的生存和行动也同样需要依靠一种能量才能延续下去，一种与空气相似但更加精妙的能量。在自然界中，没有播种就没有生命的成长，果实绝不会比产生它的植物更高级；同理，在精神世界中，只有播下种子才能结出果实，果实的性质取决于种子的性质。所以，对因果法则的领悟决定了每个人的生活境遇，是人类意识的最高境界。

我精神中的所有思想都在迅速地转化成各种力量，创造出各种价值。

——爱默生

问答录

如何衡量生命个体之间的差异?

通过衡量他们所彰显的智慧。

个体通过什么方法便可掌控其他智慧?

通过领悟个人是宇宙智慧的个体化。

创造力的来源是什么?

宇宙精神。

宇宙精神成形变成什么?

个体。

什么将个体和宇宙之间联系起来?

是思想。

生存法则的运用必须遵循什么原理?

爱的法则。

爱的法则通过什么得以表达?

通过生长法则。

生长法则通过什么得以表达?

通过互惠行为。个体总是完整的个体，所以我们付出的是什么，收获的也将是什么。

我们付出的到底是什么？

思考。

我们收获的是什么？

还是思考。精神是静态的物质，依靠我们的思考，精神不断地转化为不同的形式。

第十九课

知识就是力量

导　论

恐惧是一种强大的思想形式，它麻痹神经中枢，影响血液循环，接下来又会影响肌肉系统。所以我们说，恐惧会影响着整个生命，包括身体、大脑和神经，无论是身体、精神还是肌肉方面都会受到它的影响。

当然，克服恐惧就要知道什么是力量。这种神秘的我们称之为生机勃勃的力量的东西到底是什么？我们说不清楚，就像我们说不清楚电到底是什么东西一样。但是我们知道电的原理，而且电会听从我们的吩咐。电照亮我们的房屋、城市，发动机器，另外还有很多很多别的用处。

同理，生机勃勃的力量也是这样。虽然我们不知道它到底是什么，还可能永远不知道它是什么，但是我们却知道它通过生命体运行，是生命的原初力量，只要遵循这种力量运行的法则，我们就能让这种生命的力量大量涌向自己，使精神、道德和信仰发挥最大的作用。

本课将讲述一种非常简单的方法，来开发这种生命的潜能。如果你能把本课的内容学以致用，你马上就能感到一种力量感，而这种力量感是天才与庸才的最大的区别。

本　论

1. 人们对真理的探索已经不再是没头没脑的冒险，而是合乎逻辑的系统化的进程，一切实践在付诸实施之前都有理智的指导。

2. 探索真理就是探索终极原因。我们知道，人类所经历的内容都是结果，如果我们能确定原因是什么，我们就能主动控制我们生活的根本，这样我们的一切经历和境遇就都在我们自己的掌握之中了。

3. 如果能做到这样，我们人生的经历就不再是一场同命运的博弈，我们不再是偶然性的玩偶，我们将成为命运的宠儿。我们会像船长控制他的船舰、司机驾驭火车一样，牢牢地掌握自己的运气和命运。

4. 既然所有事物都能分解为同一种本源，那么一切事物之间就有着千丝万缕的联系，能够相互转化，而不是互相对立。

5. 物质世界中有无数的对立，为了方便起见，我们给这些对立起了不同的名字。一切事物都有不同的颜色、大小、形状、两端。有北极，也有南极；有内，也有外；有可见的，也有无形的。所有这些，都只是这些对立的不同表达方式。

6. 每个事物的不同的方面都有其各自的称谓。然而，这正反两面不是独立的实体，是相互联系的，它们是整体的两个部分或方面。

7. 精神世界的法则也一样。我们知道什么是知识丰富，什么是目不识丁。目不识丁就是缺乏知识，所以它只能表达“缺乏知识”，而它除了这个意思并没有别的什么意义。

8. 在道德世界中也有同样的法则。我们谈论善与恶。善是有意义的，是能触摸到、感知到的；而恶只是善的反面，是“没有善”的意思。我们知道虽然有时候恶也非常真实，但它没有法则、生命和活力，因为它总是被善摧毁。真理会摧毁谬误，光明会驱散黑暗；同理,当善现身,恶就会遁形。综上,道德世界中只有一个基础——善。

9. 哲学的世界中也存在着同样的法则：我们知道什么是物质、什么是精神，似乎物质和精神是两个相互对立的独立的实体，但是显而易见，哲学世界中只有一个基础——精神。

10. 精神是实实在在、永恒不变的，在时间的长河里千年和一日没有什么区别。而物质却在不断地变化。我们站在都市中，让目光停留在林林总总的宏伟的建筑物上，看车水马龙、无线电话、灯光闪烁，还有现代文明各式各样的其他便利条件，我们知道一个世纪之前这些都不存在。假如我们一百年之后还站在今天的位置上，就会发现今天的一切都已经消失得无影无踪了。

11. 我们发现，动物王国也同样遵循变化的法则。无数的动物生生死死，它们生命的长度不过短短的几年。在植物世界中就更加瞬息万变了。无数的植物繁荣枯萎，几乎所有的草本植物都只有一年的生命。也许我们能在无机世界中找到更加真实更加长久的存在。但是，我们被告知，我们看到的坚实的陆地其实曾经是波涛汹涌的大海，矗立在眼前的高山曾经是一个湖泊，而当我们敬畏地看着约塞米蒂国家公园的大峡谷时，却发现了在这之前形成一切的冰川的履痕。

12. 我们处于瞬息万变之中，知道一切只不过是宇宙精神的演变过程，万事万物都在这个演变中不断地变化。物质只不过是精神的一种形式，是相对的。物质本身没有基础可言，唯一的基础就是精神。

13. 这样，我们就知道了：精神法则是运行于物质、精神、道德和哲学世界中的唯一法则。

14. 同样我们也明白了：宇宙精神是静止的、不动的，而人类个体的思考能力是作用于宇宙精神并使它转化为动态的精神的力量，也就是运动的精神。

15. 为了做到这种转化，我们必须有充足的燃料——食物。如果不吃东西，一个人就无法思考。所以我们明白，即使是诸如思考的精神行为，如果不借助物质手段，也不能转化为幸福和富足的源泉。

16. 如果要创造电力并把它转化成动态的力量就必须有某种能量；如果植物要成长，就必须要有阳光提供它必需的能量；同理，如果人要思考，要让宇宙精神发挥作用，就必须有食物提供能量。

17. 你可能已经学会，思想永恒不断地在客观世界中成形，它不停地寻求表达。但是如果你还没学会这一点，你也不能忽视这个事实：积极、强大、有建设性的思想将在你的健康状态、事业水平以及生活境遇中体现出来。总体上来说负面、软弱、有破坏性、寻求毁灭的思想同样也会体现出来，在身体上表现为恐惧、忧虑、紧张，在经济上表现为贫穷和无法发展，在环境上表现为不和谐的人际关系。

18. 所有的财富都是力量的子嗣，而只有能带来力量的财富才有价值。只有能影响力量的事件才有意义，世间万物都代表一定形态一定程度的力量。

19. 在蒸汽、电力、化学力、重力定律中都有因果法则，理解了这件事人们就能无畏地制订并执行各种计划。人们称统治自然界的定律为自然法则，但自然拥有的不是全部的力量，除了自然力量还有精神力量、道德力量和哲学力量。

20. 我们的中小学以及大学都只是精神力量的发电站，在那里人们的精神潜力得以开发，除此之外，学校没有什么其他的价值。

21. 为了开动各种机器为人类带来舒适的生活，很多大电厂收集原料，提供电力；同理，精神发电厂也需要原料，并且把原料转化成某种远远高于所有自然力的力量——尽管自然力量已经叫人叹为观止了。

22. 世界上无数的精神发电厂的原料是什么？是什么材料最终转化为能控制其他所有力量的力量呢？这种原料的静态形式，就是精神；而它的动态形式，就是思考。

23. 精神是一种超然的力量，因为它是一种更高的层面上的力量，它促使人类发现自然界的法则，从而让人类能驾驭伟大而神奇的自然去代替成千上万人的劳作，它使人类能消除时空的局限，摆脱重力的束缚。

24. 思想是一种不断发展的活生生的能量或力量。在过去的50年里，思想创造了无数的奇迹，完全超出了50年前甚至25年前人们的想象。如果说过去50年里的这些精神发电站取得了如此惊人的成就，那再过50年会有什么样的结果呢？

25. 创造事物的本原物质在数量上是无限的。我们知道光以186,000英里/秒的速度传播，有些遥远的星球的光经过两千年才到达地球，而宇宙中到处都是这种星球。光以光波的形式传播，而光波传播的媒介光媒必须是连续的，否则光线便无法穿过那样长的距离来到地球。所以我们能得出结论：这种物质——光媒，或者说创造事物的本原——是无处不在的。

26. 那么宇宙的原初物质是如何采取各种形式的呢？在电学上，把电池的锌铜两极用电线连接起来就形成电路，有电流通过时就产生能量，任何两极之间发生的情况都与此类似。所有事物的外在形态都取决于它振动的频率，亦即其原子之间的关系。所以，如果我们希望改变环境，我们必须改变事物的两极。这就是因果法则。

27. 你本周的练习是：集中意念——我说的集中意念，包括它所有真正的内涵——全身心地沉浸在你思考的对象中，免受任何其他事情的干扰。每天花几分钟做这个练习。为了获取充足的养分，你每天都要花时间进餐，这是必需的，那么，为什么不花一点儿时间来摄取精神食粮呢？

28. 让思想集中在这样一个事实上：所有表象都是虚假的。地球不是方的，也不是静止的；天空不是一个圆顶，太阳是静止不动的；星星并不像我们所想象的那样只发出微弱的光芒；物质也并不像我们所认为的那样静止不变，而是处于永恒的运动之中。

29. 现在正是破晓的时候，请相信这一天即将到来。到时，我们对永恒运行的宇宙的原理的认识将迅速发展。为了领悟这些知识，我们必须对自己的思想和行为模式做出迅速的调整。

无声的思想，归根结底是人类生活中最强大的动力。

——钱宁

问答录

人们是如何将两极相互对照起来的？

相互对照的两方面会有不同的名称，例如内和外、光明和黑暗、好与坏、顶端与底部等。

这些两极是相互独立的实体吗？

不，它们是整体的不同部分和方面。

物质世界、精神世界和哲学世界中所有的创造有唯一的基础，它是什么？

是宇宙精神，即产生万事万物的永恒能量。

我们如何与这个基础相联系？

通过思考的力量。

这个有创造性的基础是如何运行的？

思想是种子，引发行动，行动可以在客观世界中成形。

什么决定事物的各种形态？

振动的频率。

如何改变振动的频率？

通过精神行为。

精神行为依靠什么得以起作用？

依靠两极之间的作用——个体和宇宙之间的作用和反作用。

这种创造力发源于宇宙还是个人?

宇宙，不过宇宙只有通过个人才能将这种力量展现出来。

要展现创造力为什么个体也是必不可少的?

宇宙精神是静止的，它需要外力推动。首先由食物转化而来的能量使个体得以进行思考。如果人不吃东西，他的思想也就终止了，也就不能作用于宇宙精神，宇宙精神将一直处于纯粹的静止状态，只是一种静止的精神了。

第二十课

灵感就是力量

导　论

多年以来，人们无休止地争论着恶的起源。神学家们告诉我们：神即是爱，神无所不在。如果是这样的话，应该没有什么地方没有上帝。那么，邪恶、撒旦和地狱又在哪里呢？让我们看看下面的论述吧：

神就是灵。

这个灵就是宇宙的创造基础。

人是按照上帝的形象创造出来的，与上帝相似。

因此，人也是精神的实体。

精神唯一能做的就是进行思考的能力。

所以，思考是一个创造过程。

所以，所有形态都是思想的产物。

形态的毁灭也是思想的结果。

虚幻的形态是思想创造的东西，比如在催眠中。

表面的形态同样也是思想创造的，比如在招魂术中。

各种发明、结构以及建设性活动也都是思想创造力的产物，比如，在集中意念的过程中。

当思想创造力展现出对人类有益的结果时，我们称其为善。

当思想创造力展现出的结果对人类有害时，我们称其为恶。

这就是善与恶的起源。善与恶只是人们用来描述不同效果的词，这种效果只是思考过程或创造过程的结果。

思想定然预示并决定着行为，而行为又预示并决定着所有的生活境遇。

第二十课对这个终极重要的问题作了更加详尽的解释。

本 论

1. 事物即事物内在的灵，灵是固定不变的、永恒的。你的精神就是你的本我，没有了精神你便什么也不是了。越能领悟什么是精神以及精神的各种可能性，精神就越活跃。

2. 你可以拥有基督世界中所有的富足，但如果你不知道这些富足是什么并如何加以运用，这些财富对你来说就没有任何意义。你的精神富足同样如此，如果你认识不到、不会利用它，那它对你来说就没有任何价值。获得精神力量的唯一条件就是认识它、运用它。

3. 所有伟大的事情都是通过领悟得来的，意识是力量的权杖，思想是力量的信使，它们不断地按照无形的内在世界转变客观世界的环境和境遇。

4. 生命真正的要义在于思考，思考的结果就是力量的获得，人的一生都在与思想和意识的魔力打交道。如果你对这种自己显然能控制的力量视而不见，那会有什么样的后果呢？

5. 只要你意识不到这种力量，你就把自己局限在表象中了，把自己变成那些会思考的人的苦力牲畜了。他们懂得如何去思考，他们能够认识到自己的力量；他们更知道，如果自己不愿思考，就不得不付出苦力，想的越少，干的越多，收获反而越小。

6. 力量的奥秘在于对法则、力量、方法、精神产物以及我们与宇宙精神之间的关系的透彻领悟。我们一定要牢记，法则是不可更改的，否则它就不那么可靠了。所以，所有正确的法则都是永恒不变的。

7. 法则的恒定性是你的机遇。个人是法则的积极成分，是宇宙精神得以有所作为的渠道。宇宙精神必须通过个人才能行动。

8. 当你开始领悟宇宙精神的精髓就在你内部，就是你的时候，真正的行动就开始了，你就会感受到自己的力量，这一知识是激发你的想象力使其炽热燃烧的燃料，它是点燃你灵感的火炬，给你的思想注入生命活力，让你与宇宙中无形的力量相联系。正是这种力量能使你无畏地制订计划，并娴熟地执行。

9. 然而，感知力只在“沉静”的状态下才能获得，所有伟大事业都必须通过“沉静”这一条件。你是一个进行想象的实体，想象是你的工作室。你的蓝图就是在这个工作室中构想出来的。

10. 对这种力量的本质的透彻领悟，是发挥这种力量的前提。你需要不断重复想象所有的方式方法，以便你能在任何需要的场合中发挥力量。掌握了可以随时掌控无所不在的宇宙精神的方法之后，无限的智慧就会随之而来。

11. 我们也许不知道内在世界是怎么样的，所以我们也不去对它多想，但它却是所有存在的事物中最根本的真实。但是如果我们了解了它，了解它不仅仅存在于我们自己的内心中，也存在于所有的人、所有的事、所有存在与环境中的话，我们就会找到那个所谓的“心中的天国”。

12. 我们的失败也完全是这一法则运行的结果。这个原理是丝毫不差的，它的运行精确无误，从无偏差。如果我们思考的是匮乏、限制和混乱，我们就会处处品尝到匮乏、限制、混乱的恶果；如果我们思考的是贫困、不幸和疾病，思想这个信使也会把这些劫难带来，其迅速、决绝和其他的思想完全一样。如果我们害怕灾难会降临，我们就会像约伯一样呼喊："我所畏惧的已经降临。"如果我们的思想不健全或无知，我们也会把无知的结果吸引到我们身边。

13. 我们已经都知道，思想的力量如果得到正确的理解和运用，就会成为实现梦想的最节约人力的手段，但如果受到误解或不恰当的应用，就会引发灾难。依靠这种力量，你可以自信地去做所有看起来不可能的事，因为这种力量是所有灵感和天才诞生的奥秘。

14. 拥有灵感就是打破常规途径、摆脱俗套，因为不同寻常的结果必须依靠超常的手段才能实现。如果我们能认识到所有事物是统一的，明白所有的力量都源于内在，我们就打开了灵感的水龙头。

15. 灵感是一门关于吸收的艺术，是实现自我的艺术，是个体精神根据宇宙精神做出调整的艺术，是把适当装置连接到所有力量的源泉上的艺术。这种艺术能使无形化为有形，使自已成为宇宙无限智慧流通的渠道。这是一门构想完美的艺术，一门实现无所不在的无所不能的力量的艺术。

16. 我们应该理解并感谢一个事实，那就是无限的力量是无所不在的。所以，它存在于无限小之中，也存在于无限大之中。知道这一点，我们就能汲取到这种力量的精髓。同时我们还要知道，这种力量是一种精神，所以是不可再分的，所以，我们能同时在所有地点欣赏它的存在。

17. 必须理解这种力量，先用理智去理解，然后用情感去理解，这样，我们就能从无限力量的海洋中畅饮。单纯的理智上的领悟没有任何效果，情感必须发挥作用，没有情感的思想也是冷冰冰的，必须要将思想和情感结合起来。

18. 灵感来自于内在，而"沉静"是必不可少的。暂时关闭感官，放松肌肉，慢慢放松。当你感到放松并力量无穷的时候，你也就做好准备去接受信息了，或者称为拥有灵感或智慧了。灵感和智慧正是你达到目标必不可少的内容。

19. 不要把这些方法误认为是巫术，二者全无半点共同之处。灵感是接受的艺术，会把生活中所有最好的带给你。人生命中最重要的事就是领悟并掌控那些无形的力量，而不是让那些力量统治和左右你。力量意味着为他人服务，而灵感就是力量。能够领悟并运用灵感，你就不再是凡人。

20. 如果我们有意识地进行呼吸，认为每次呼吸都能给我们带来生命力的话，那么，每次呼吸都能带给我们更多的生命力。“如果”在这句话里的假设是非常重要的前提，因为意图掌控着意念的集中。如果没有意念的集中，那你取得的效果就和别人没有什么不一样了。这就是“供应即是需求”的道理。

21. 为了获得更多的供应，你必须增加你的需求，如果你主动地增加自己的需求，供应便会随之而来。你会发现，你得到越来越多的供应，包括生命力、能量与活力的供应。

22. 其中的原因很好理解，但这是另外一个似乎通常被人忽视的生命奥秘。如果你能理解的话，你就会明白这是最伟大的生命真理之一。

23. 我们被告知：“我们生活、活动、存在于‘他’的里面。”我们还知道，“他”是灵，“他”是爱，所以我们每次呼吸吐纳的都是这种生命力、爱和灵。这就是“气能”，或称“灵气”。没有这种气能，我们一刻都不能存活。这就是宇宙能量，这就是太阳活力的来源。

24. 呼吸使我们把空气吸入肺部，同时也吸入这种气能，从而生命本身就注入到了我们的体内，这样，我们便与“生命本体”、“智慧本源”或者“物质源泉”建立起了联系。

25. 你自己和宇宙法则之间有联系，是同一的，只要能够意识到你和它是一体的，你就能科学地领悟一种方法，一种可以借以让自己摆脱疾病、贫穷、局限的方法。实际上你就可以将“生命的气息”吸入自己的鼻孔了。

26. 这种生命的气息是一种意识所不能理解的存在，它是“我思故我在”的精髓。它是纯纯粹粹的存在，或者说是宇宙物质，而只有我们主动与它结合，才能找到它，并掌控这种创造性能量的力量。

27. 思想是一种有创造性的振动，创造出的环境取决于我们思想的质量，因为我们不能释放出我们没有的能量。我们“是”什么才能“做”什么；我们“做”到什么取决于我们到底“是”什么，我们做出的成就完全与我们“是”什么相一致；而我们“是”什么取决于我们“想”什么。

28. 你进行每一次思考的时候，都引发了一系列因果循环。你所创造的环境完全与产生它的思想的质量相一致。如果思想与宇宙精神和谐一致，相应的好效果就会产生。破坏性的或混乱的思想会相应地产生破坏性的和混乱的生活环境。你可以自主选择是建设性的还是破坏性的思想，但永恒不变的法则不会让你“种瓜得豆”。你可以随心所欲地运用精神的神奇的创造力，但必须为所有结果负责。

29. 想“种瓜得豆”就是所谓的“意志力”带来的危险。他们似乎想通过强制意志改变法则。他们想通过“意志力”实现“种瓜得豆”。然而，创造力的基础在于宇宙精神，想通过个人的意志力使宇宙精神依从我们的愿望是一种扭曲的思想，它可能会取得一时的成功，但从一开始就注定了失败，因为这种思想与它本意寻求的宇宙力量相对抗。

30. 有限的个人想扭曲无限的宇宙精神，这种做法无异于螳臂当车。只有有意识地去与不断向前运动的“伟大的整体”相协调，我们的幸福才能久远，才能得以保存。

31. 你本课的练习是，进入“沉静”的状态，集中意念思考这个真理：“我们生活、活动、存在于‘他’的里面。”这句话是绝对精确的！“他”在故你在；“他”无所不在，故也在你的身体里；“他”无所不包,故你也是“他”的一部分！“他”是灵,而你是“按照‘他’的形象创造出来的，和‘他’相似”，所以你和“他”精神的差异就仅仅是程度不同，而作为“他”的一部分，你必然在本质和质量上与整体完全一致。如果你能清晰地领悟这些,你就认识到了善恶之源，找到了集中意念的神奇力量，发现了解决所有问题的万能钥匙，不管是健康方面的、经济方面的还是环境方面的问题。

深邃、清晰、符合逻辑的思考的力量是所有过失、差错、迷信、谬论、盲从、狂躁和偏激的坚定而有效的敌人。

——哈多克

问答录

力量依赖什么条件？

力量依赖人对力量的领悟和运用。

什么是领悟？

意识。

如何领悟力量？

通过思考。

人生真正的事业是什么？

科学而正确的思考。

什么是科学而正确的思考能力？

按照宇宙精神的意志调整我们思考行为的能力，亦即与自然法则相协调的能力。

如何实现这一点？

通过透彻地理解法则、力量、方法与精神产物是什么。

什么是宇宙精神？

所有存在的根本组成部分。

各种匮乏、局限、疾病和不安的原因是什么？

各种匮乏、局限、疾病和不安与所有理想效果一样，它们都遵循着同一个法则得以产生。由于这一法则绝无偏差的运作，思想总是创造或产生出与自身的性质相一致的生活环境。

什么是灵感？

灵感是一门认识无所不能、无所不在的能量的艺术。

我们所经历的各种境况取决于什么？

取决于我们思想的性质，因为我们是什么，决定着我们会做什么，而我们想什么，又决定着我们到底是什么。

第二十一课

大智慧有大块头

导　论

奉上第二十一课，这实在是我的荣幸。在第七段你会发现一个成功的秘诀、一个构建胜利的方法——万能精神，也就是思想要够大。

在第八段你会发现，存于我们意识之中的所有想法，不管存在多久，都会在我们的潜意识中留下印记，如此就形成了一个模式，而创造性的能量会根据这个模式改变我们的生活和周遭环境，并渗透到当中。这就是祈祷力量之所以神奇的奥秘。

我们知道宇宙由法则来管理。每一个“果”必有一个“因”，而且每一个相同的“因”，在相同的条件下，总会产生相同的“果”。因此，如果祈祷曾经被回应，那么在遇到合适的条件时，它总会被回应。肯定是这样的，否则这个宇宙将会是一团糟，而不再叫宇宙了。祈祷得到的回应也因此是符合法则的，而这个法则是明确的、确切的、科学的，就像万有引力和电的原理一样。对于这个法则的理解不再使天主教建立在迷信、轻信的基础上，而是建立在科学的理解的磐石上。

但是，不幸的是，知道如何祈祷的人寥寥无几。他们相信在电学、数学和化学方面有法则运作。但是，出于某种不可知的原因，他们从来也不会想到原来也有精神法则，而且这些法则也是那么明确、科学、确切、一成不变地运转着。

本　论

1. 力量的真正奥秘在于力量的意识等级。万能精神是无条件的，因此，我们越多意识到我们和这个精神是同一体，我们就越少意识到条条框框。当我们从有条件中解放出来或被释放，我们就进入了无条件的国度。我们就自由了。

2. 一旦我们意识到内在世界这个生生不息的力量，我们就开始利用这个力量，应用并发展我们已经洞察到的这个更大的可能，因为不管我们意识到什么，总会在物质世界中体现出来，进而成为有形。

3. 这是因为这个无限的精神，万物之源，是一体、不可分的，而每个个体都是展现这个永恒能量的通道。我们思想的能力就是我们在这个世界行动的能力，而我们能够想到的就是我们在物质世界所创造或生产的东西。

4. 这个发现无比神奇，意味着这个精神于质是非比寻常的，于量是无限的，包含着不可胜数的可能。意识到这种力量就会精神变成一条“通电的电线”，这和把一条普通的电线连上一条正在充电的电线一样，有着同样的效果。宇宙就是一条通电的电线。它包含的力量足够满足每一个个体在生活中遇到的每一种境况。当这个个体的精神触摸到了这个万能精神，它就接收到了它需要的全部力量。这就是内在世界的魅力。所有的科学都在认知这个世界的现实存在，而所有的力量都取决于我们对这个世界的认知层次。

5. 消除不完美状况的能力取决于我们的精神行动力，而精神行动力取决于我们对力量的认知。因此，我们越多地意识到我们和万能力量之源的合一性，我们控制和掌握所有状况的力量就会越大。

6. 远大的想法都会渐渐消弭所有比其短浅的想法，所以持有远大的想法是好的，它能够抵消并破坏掉小的、不好的想法。这也会把数不清的微小的、恼人的障碍从你的道路上清除掉。你也会觉察到一个更高的精神境界，从而提升你的精神能力，并有所成就。

7. 这是成功的秘诀之一、构建胜利的方法之一、万能精神的成就之一。有大智慧的人，总是从大处着想。精神的创造性能量在处理大的状况时，并不会比处理小状况困难。在无限大和无限小中，精神都一样存在。

8. 当我们意识到关于精神的这些事实，我们就知道了通过在我们的意识里创造相应的条件，我们就会得到相应的状况，因为存于我们意识之中的所有想法，不管存在多久，都会在我们的潜意识中留下印记。如此就形成一个模式，而创造性能量会把它渗透到个体的生活和周遭环境中。

9. 如此条件被创造出来。我们发现我们的生活不过是我们主导思想和心态的反映而已，然后我们发现正确思想的科学是一种包含所有其他科学的科学。

10. 研究这门科学我们了解到所有的思想都在我们的头脑里留下印记，就是这些印象形成精神取向，而这些取向形成性格、能力和意图，而性格、能力和意图的综合作用决定了我们在生活中将会遇到怎样的经历。

11. 通过吸引法则我们拥有这些经历。在这一法则的作用下，我们在此世界中所经历的，与内在世界并无二致。

12. 主导思想或心态就像磁铁，只不过遵循的法则是“同性相吸”，心态总会吸引与之同性的状况。

13. 这种心态就是我们的个性，由我们自身头脑中已经形成的思想所组成。因此，如果我们希望改变状况，所需要的只是改变我们的思想，我们的心态也会因此改变，我们的个性随之也改变了，而后改变的是人、事和当下状况，或是我们在生活中的经历。

14. 但是，要改变我们的心态并非易事，而经由不懈的努力是可以实现的。心态是我们摄入的精神图像在大脑里的投影。如果我们不喜欢这些图像，破坏掉负面的，创造出全新的图像，这就是视觉化的艺术。

15. 一旦你这么做了，你会开始吸引新的东西，这些新东西和这些新图像是一致的。这么做：把你希望达成的愿望的完美图像铭记于头脑，一直保有它，直到愿望成真。

16. 如果这个愿望需要决心、能力、天赋、勇气、力量或任何其他的灵性力量，那么这些就是你的图像所必需的。植入它们，它们是图像必需的部分。它们是一种感情，结合思想，可以创造出不可抗拒的吸引力，来为你吸引你渴望的东西。它们给予你的图像以生命，而生命意味着成长。而一旦它开始成长，结果便是水到渠成的了。

17. 坚定地追求你所做任何之事的最高成就，因为精神的力量随时都准备着服务于一个坚定的意愿，努力去把最高的追求打造成实际行动、成就以及大事件。

18. 这些精神的力量如何运作的一个很好的说明，可以从我们养成所有习惯的方法中得出。

我们做一件事情，然后第二次、第三次、第四次，直到它变得简单，或许几乎变成自动。同样的方法适用于打破任何所有的坏习惯。我们停止做一件事情，然后第二次避免它，第三次，直到我们完全甩掉它。即便有时做不到，也绝对不要失去希望，因为这个法则是绝对的、无敌的，确保我们的每一分努力和每一次成功，尽管我们的努力和成功或许是间断性的。

19. 这个法则能为你做任何事，要敢于相信你自己的想法。记住本性是可塑的，是可以达到理想化的，只要把理想看作一个已经实现的事实。

20. 生命真正的斗争是思想的斗争，它是少数对多数的斗争。一方是建设性、创造性的思想，另一方是破坏性的、负面的思想。建设性的思想由理想来支配，而消极的思想由表象来支配。而各方都有科学家、文学家和实干家。

21. 在创造性的一方，是那些把时间花在实验室里，或显微镜、望远镜上的人，同时还有那些掌控商业、政治和科学世界的人；在负面的一方是那些把时间花在研究法则习俗的人，那些错把神学当作宗教的人，那些错把权力当权利的政客，以及千千万万这样的人，他们更喜欢传统，而非前进，他们永远向后看，而非向前，他们只看到外面的世界，对内在世界却一无所知。

22. 分析到最后，无非有这样两类：所有的人都各得其所，非此即彼，他们必须向前走，或向后走，在这个动态的世界里根本没有静止的点。正是这种故步自封的取向使得恣意专横的陈规陋习获得了保障，有了滋生的温床。

23. 我们正处于变动之中，这可从各处显而易见的动荡中看出。人类的抱怨就像阵阵雷鸣，开始是低沉、险恶的响声，渐渐变大，直至响彻云霄，闪电击破长空，照彻大地。

24. 巡逻在工业、政界和宗教界最前沿的哨兵正在焦急地招呼彼此：夜里如何？他们所占据并努力把持的位置，每时每刻都面临危机和风险。新时代的黎明必将来临，宣告现存秩序将不复存在。

25. 新旧体制之间的拉锯，社会问题的症结，完全是人类智慧对宇宙本性的信念问题。当他们意识到宇宙至高无上的精神力量就在每个个体的心中的时候，就有可能制定符合大多数人的自由和权利而非只符合少数人的利益的法律。

26.如果要人们还将宇宙力量视为非人类的、对人类来讲很陌生的力量，对于既定特权阶层来讲，尽管抗议此起彼伏，通过神权来统治依然会比较容易。民主的真正利益在于提升并解放人类的精神，并且认可人类精神的神圣。还要承认所有的力量皆来自内在。没有人比其他任何人拥有更多的权力，除非他被委任。旧的体制总是让我们相信法律高于法律制定者，这是把“神的选择”的宿命论信条制度化了，这是特权和个人不平等造成的每一种社会犯罪的根源。

27. 神圣的精神就是宇宙精神。它没有例外，没有偏爱。它行事不会出自心血来潮或是一时的怒气、嫉妒和愤恨；它也不会接受人的奉承、哄骗，不为同情心所动，不会根据人的想法而去满足哪个人的幸福或生存所需。宇宙精神对任何人均无偏私。但是如果有人理解并意识到他和宇宙法则一体时，他就会显得格外受宠，因为他会发现所有健康、财富和力量的源泉。

28. 这周的练习就是集中精力思考学到的真理。要认识到真理会让你自由，也就是说，当你学会应用这种科学的思想、方法和法则的时候，没有什么会永远挡在你完美的成功之路上。要认识到你在用你内在灵魂的力量具化你的外部环境。要认识到静默提供了随时可以利用的、几乎无限的机会，去唤醒你对真理的最高认识。试着去理解全能的力量本身就是绝对的静默，所有其他事物都是变化的、活动的、局限的。静默的冥想因此成为探索、唤醒和表达内在世界美妙的潜在力量的真正方法。

思想训练带来的机遇是无限的，其益处是不息的，但是很少有人会努力引导他们的思想走入让他们自己受益的正途，相反，他们把一切都归于运气。

——马登

问答录

力量的真正奥秘是什么？

对力量的认识程度。因为不管我们意识到什么，总会在物质世界中体现出来，进而成为有形。

这种力量的源头是什么？

宇宙精神，所有事物皆出于此，它是一体不可分的。

这种力量如何展现？

通过个体。每个个体都是一个渠道，在这里这种力量被分化为不同的形式。

我们如何和这个万能力量沟通？

我们思想的能力就是我们在这个世界行动的能力，而我们能够想到的就是我们在物质世界所创造或生产的东西。

这个发现的结果会是什么？

结果不啻奇迹。它通向前所未有的、无穷尽的机遇。

那么，我们如何消除不完美状况？

认识到我们和万能力量之源的合一性。

万能精神的显著特征是什么？

他持有远大的想法，想法大到能够抵消、并破坏掉数不清的微小的、恼人的障碍。

我们如何拥有经历？

通过“同性相吸”的法则。

这个法则如何运转？

通过我们的主导心态。

新旧体制的争锋在何处？

对宇宙本性的信念问题。旧体制试图保持“神的选择”的宿命论信条。新的体制承认个体的神圣、人类的民主。

第二十二课

加强自己

导 论

在第二十二课你会发现思想是灵性的种子，当被根植于潜意识里，它就会发芽、长大，但不幸的是，所结之果多不是我们想要的。

各种形式的炎症发热、麻痹瘫痪、神经过敏、疾病缠身，通常都是由一些诸如恐惧、忧烦、担心、焦虑、苦恼、嫉妒、憎恨等类似想法所致。

生命系统由两种独立的程序组成：第一，吸收、利用物质营养，建造细胞；第二，分解、排泄废物。

所有的生命都基于这两种建设性和破坏性的活动。因为建造细胞的必需物仅仅为食物、水和空气而已，那么无限期地延长寿命似乎并不是一件很困难的事。

不管看起来是多么奇怪，毫无例外地，正是第二个活动，破坏性的活动引发了所有的疾病。废物堆积、渗透到组织细胞中，引发自体中毒。这可能是局部的，也可能是整体的。前者会造成身体局部不适；后者则会影响整个身体系统。

摆在我们面前的，治愈疾病的关键在于提高维持生命所必需的能力在周身的流动与配给。而这只能通过消除恐惧、忧烦、担心、焦虑、嫉妒、憎恨的想法以及其他一切破坏性的想法来实现。因为这些想法会损耗、摧毁我们的神经和腺体，而毒素和垃圾的排泄和清除正是由这些神经和腺体所控制的。

营养品和滋补品无法延寿，因为这些只是生命的次要现象。那么，生命的主要现象是什么？我们如何联系到它？我很荣幸在本课中向大家说明。

本 论

1. 知识是无价的，因为运用知识我们可以把未来塑造成我们想要的样子。当意识到我们现在的性格、环境、能力、身体状况都是过去思维方式的结果时，那么我们就能更加认识知识的价值。

2. 如果我们的健康状况并不尽如人意，让我们检查一下我们的思维方式吧，让我们记住每一个思想都会在头脑中留下印记，每一个印记都是一颗种子，会沉在潜意识，形成一种取向，这个取向会吸引其他类似的思想。在我们还不知道的时候，我们就必须收获我们种下的庄稼了。

3. 如果这些思想里含有病菌，收获之物必是病痛、腐烂、衰弱和颓败。问题是，我们想的是什么，创造的是什么，将要收获的是什么？

4. 如果有任何身体状况需要改善的话，视觉化法将会非常有效。想象一个身体健康的情景，存于脑中直到铭记在意识中。很多人用此方法在数周后即消除了慢性病。千万人用此方法在数天后即克服并祛除所有形式的普通身体不适状况，有的甚至在几分钟内就祛除了。

5. 是共振法则让精神对身体实行了这种控制。我们知道每个精神行为都是一种振动，我们知道所有存在形式也不过是一种运动模式，一种振动频率而已。因此，每一个发出的振动都能立即修正身体的每个原子活动，影响到每个生命细胞，这样，在组织细胞内部就发生了化学变化。

6. 宇宙万物究其根源也是一种振动形式。改变振动频率的话你也就改变了事物的本质、质量和形式。自然万物，有形或无形，都经由改变振动频率而处在不停的变动之中。因为思想也是一种振动，所以我们也可以练习这种力量。我们可以改变振动，从而让我们的身体展现出我们所期望的状况。

7. 我们每分钟都在使用这个力量。麻烦就在于我们大多数人都在无意识地使用它，因此就产生了不如意的结果。关键在于我们要善加运用，促成满意结果。这应该不难做到，因为我们已经有丰富的经验，知道什么能在体内产生快乐的振动，也知道什么会造成不愉快的感觉。

8. 需要做的就是咨询我们自己的经历。当我们的思想是崇高的、进步的、积极的、勇敢的、高贵的、和善的和令人愉悦的时候，我们就启动了导向某种积极结果的振动。当我们的思想里充满了嫉妒、仇恨、批评或其他种种不和谐时，某种振动也被启动，只不过是完全不同的结果。每一种振动频率，如果保持下去，就会成形了。第一种情况的结果是精神、道德和身体上的健康，而第二种情况则是紊乱、不和谐和病痛。

9. 由此我们可知精神拥有一种能够控制身体的能力。

10. 众所周知，客观的精神会对身体有所影响。有人对你说了什么，你感到很滑稽，你就大笑起来，甚至笑到全身颤抖。这表明思想可以控制你身体的肌肉运动。又或者有人说了什么，引发你的同情心，你就眼含热泪了，这表示思想控制着你身体的腺体。又或者有人说了什么，让你很生气，血气上涌，双颊绯红，这表明思想控制着你的血液循环。但是因为这些经历都是客观精神作用于你身体的结果，这种结果只是暂时的，它们转瞬即逝，境况重又恢复原样。

11. 让我们看看潜意识是如何以不同的方式来作用于身体的。你受伤了，成千上万的细胞立即开始修复工作，几天或几周以后工作就完成了。你骨折了，世上没有任何手术可以把断骨接在一起，医生也只能植入钢板或别的什么装置来加固或替换骨头，把断骨复位。真正接骨的是潜意识，正是潜意识在一段时间之后让骨头强壮如昔。你可能误吞毒药，潜意识会立即发现危险，强力制止。你可能感染了危险病菌，潜意识会立即开始在感染区域建起防御之墙，然后用专门对付侵略者的白细胞吞噬那些受到感染的部位。

12. 潜意识的这些过程通常都是在我们毫不知情的情况下运作的。只要我们不加干涉，结果都是完美的。但是，由于这上百万个修复细胞都是智能的，随时对我们的思想做出反应，因此我们恐惧、怀疑和忧虑的想法常常让这些细胞瘫痪麻痹、变得无能为力。它们就像一支劳工大军，准备完成一项重要的任务，但是每次他们开始要执行时，就被叫停或改变计划，直到它们最后受挫而偃旗息鼓。

13. 是共振法则引人通向了健康之路，这也是所有科学的基础。这个法则由精神，即内在世界实施。它属于个人努力和实践的范畴。我们的力量在内在世界，如果我们够聪明，就不应把时间和精力浪费在处理外部世界所产生的种种效应上。外部世界只是表象，只是内在世界的反映而已。

14. 我们应当总是寻找内在世界里的“因”。经由改变这个“因”，我们改变“果”。

15. 你身体里的每个细胞都是智能的，能够对你的指令做出回应。细胞都是造物主，会按照你给它们的指令，创造出确切的式样。

16. 因此，当完美的图像呈现于主观精神时，创造性的能量就会创造出一个完美的身体。

17. 大脑细胞同样是如此构造的。大脑的质量由精神状态或心态决定。因此如果不愉快的心态传达到了主观精神，它们会转而被传达到身体，因而我们可以知道，如果我们希望身体健康、强健、有活力，主导思想也应如此。

18. 我们知道人体的每一个元素都是振动频率的结果。

19. 我们知道精神行为是一种振动形式。

20. 我们知道高等振动频率管理、修正、控制、改变或破坏低等振动频率。

21. 我们知道振动频率由大脑细胞的特性决定。

22. 我们也知道这些大脑细胞如何产生。

23. 因此，我们知道应该如何让身体状况按照我们期望的方向发生改变。通过了解精神能量的运作方式，我们就知道，在与无所不能的自然法则保持和谐上我们也是无所不能。

24. 精神对于身体的影响或控制获得了越发广泛的认同。许多医生现在正给予其最真切的关注。阿尔伯特 · T.肖菲尔德博士已经就此课题写了好几本重要的书。他说："精神疗法这个课题在医学著作中还是被广泛忽视。在我们的心理学中，也没有从对人类有益的角度上研究这种重要的精神能量，精神控制身体的潜能之说也很少被提及。"

25．毫无疑问，很多医生治疗功能性的神经疾病非常有效，但我们要说明的是，他们所依据的知识不是在学校或者从书本中学到的，而是出于直觉或建立在经验的基础上。

26. 事情本不应如此。精神疗法的力量应该是每个医学校都要作为一个科目来认真、专门、科学地讲授的。我们还可以就误医、误诊或是医疗缺乏的问题进行更详尽的探讨，论述一些被忽视的环节所造成的毁灭性的后果，但这项工作实在很容易触犯众怒。

27. 毫无疑问，很多病人从来就不知道他们能够帮助自己做些什么。如果病人能够帮助自己，他所能引发的力量至今尚不可知。我们倾向于相信这种力量远超乎想象，而且肯定会得到越来越广泛的应用。精神疗法可以由病人自己来完成。比如平静激动的心绪，唤醒喜悦、希望、信念和爱的感觉，暗示自己努力，进行常规精神治疗，把思绪从病痛中转移开来。

28. 这周的练习是集中精力于丁尼生美丽的诗句："你们要向他倾诉，因为他听得到，灵魂遇得见灵魂。他离你很近，比呼吸都近，比手足都近。"然后努力去领悟，当你确实"向他倾诉"，你就与万能力量一体了。

29. 对万能力量的这种领悟和认知会很快破坏任何形式的病痛或苦难，取而代之以和谐与完美。然后记住有那样的人，会认为病痛和苦难是上帝制造的，果真如此的话，那么每位内科医生，外科医生和每一位红十字会的护士都在违背上帝的意旨。医院和疗养院就成为反叛之地，而非慈善之所了。当然，这是很快就会被归结为荒唐的想法，但还是有很多人持有这样荒唐的想法。

30. 然后，让我们的思想停留在这样一个事实上：直到最近，神学还一直在努力讲授一个不可能存在的造物主，他创造出有能力犯罪的人类，然后让他们为了这样的罪恶永远受到惩罚。自然，这种极端无知的必然结果是制造恐惧，而不是爱。就这样，他们宣讲了两千年。现在神学家们才为宗教界的荒唐而道歉不已。

31. 然后你会更乐于欣赏理想的人，按照造物主的形象和样式而创造的人。你会更乐于承认一切源于精神，它形成、维系、创造了万物。

万物不过是巨大整体的一部分。大自然是它的身体，上帝是这个整体的灵魂。

际遇由认知而生，行为由灵感而生。知识带来成长，进步带来卓越。最初总是精神上的，然后才转化为造化的无穷可能性。

问答录

如何消除病痛?

我们要与无所不能的自然法则保持和谐。

这个过程是什么?

领悟到人是精神体，而这个精神也是完美的。

其结果是什么?

对这个完美清醒的认知——先是知识上的，然后是感情上的——实现了这种完美的展现。

为什么是这样的?

因为思想是心灵层面的，因而是创造性的。与所想之物互相影响，从而使之得以展现。

运作的自然法则是什么?

振动法则。

为什么这个法则会起作用?

因为高等振动频率管理、修正、控制、改变或破坏低等振动频率。

精神疗法这个系统被广泛认可了吗?

是的。在这个国家里有大约数百万人在以不同的方式使用它(当然在全世界有更多的人)。

这种思想体系的结果是什么？

在世界历史上，从迅速传遍全世界的可被论证的真理处，每个人最高的推理才能第一次得到满足。

这个体系适用于其他形式的需要吗？

它会满足一切人类所需。

这个体系是科学的还是宗教性的？

两者皆是。真正的科学和真正的宗教就像孪生姐妹，如影随形。

第二十三课

爱人即爱己

导　论

非常荣幸将要向你们讲述此课。在这一课你会发现金钱在我们整个人生中无处不在，成功的法则便是服务，我们给予什么，便得到什么。为此，我们应当感到能够给予实在是莫大的荣幸。

我们已经发现，在所有建设性的事业背后，思想就是那颇具创造性的活动。因此，我们所能给予的最有价值的东西，莫过于我们的思想了。

创造性的思想要求专心，而就像我们所发现的那样，专心的力量就是超人的武器。专心，然后才能专注，专注，然后才能有灵性力量，而灵性力量是所有力量中最大的。

这是包含所有科学的一门科学。它是一门艺术，超乎所有艺术之上，直接与人的生命相关联。掌握了这门科学和艺术，我们的发展将无止境。在这方面的完善，非六日所能得，非六周所能得，亦非六月所能得。它需要整个生命的投入。不进则退。

必然的，拥有积极的、建设性的、无私的想法会受益颇多。“因果”是宇宙的主旋律。自然一直在寻求着自身的平衡。有往必有来，否则就会出现真空。只要你遵循这一法则，把劲儿用在刀刃上，肯定会受益多多。

本 论

1. 金钱意识是一种心态，它是通向商业要道之门，永远敞开。它是接受性很强的一种心态。渴望是吸引力，它加速财富的流动；而恐惧则是巨大的障碍，它阻碍财富的流动，甚至使之完全倒向、远离我们。

2. 恐惧恰恰背离了金钱意识，它是贫穷意识。依据不变的法则，我们给出什么，就得到什么，如果我们恐惧，那么我们就会得到我们所恐惧的。金钱在我们整个人生中无处不在，它偏爱最优秀灵魂所发出的最好的想法。

3. 通过交友我们挣到钱，通过为他们挣钱、帮助他们、为他们服务，我们又扩大了我们的朋友圈子。成功的第一法则便是服务，而服务是建立在诚信和公正的基础上的。心思不正的人是非常无知的，他不明了一切都会相互交换的基本法则，他是无可救药的，他会一败涂地，他可能察觉不到，他可能还以为自己成功在望，岂不知他注定要失败。他是骗不了上苍的。因果法则会降临于他，以眼还眼，以牙还牙。

4. 生命之力变化多端，由我们的思想和理想构成，其后又被塑成有形。我们关键是要保持一个开放的心态，不断寻求新鲜事物，去发现机遇，要对比赛本身感兴趣，而非结果，因为人生的乐趣在于追求的过程，而非拥有的刹那。

5. 你可以为自己积聚金钱，但是在这么做之前你首先应当去想如何为他人谋利。如果你有一定的洞察力，能够察觉到机遇和有利条件的到来并利用它们，能够明了其中的价值所在，那么你就可以去利用他们，但是只有当你能够帮助他人的时候，你人生最辉煌的时刻才会到来。因为能够让一个人受益的也能够让所有人都受益。

6. 慷慨的思想充满了力量和活力，而自私的思想则暗含衰败，它会分解、消逝。金融巨头只是财富分配的渠道而已。巨额的财富进进出出，但是不让财富流出和不让财富流入同样危险，两端都应是开放的。所以当我们认识到给予，如同得到一样重要时，你人生最辉煌的时刻就会到来。

7. 如果我们领悟到，万能力量是一切供给的源泉，那么我们就会调整我们的意识，与这个万能的供给沟通，那么它就会源源不断地吸引它所需之物。我们就会发现，我们给予越多，得到的越多。这种给予就意味着服务。银行家借出金钱，商人出售货物，作家分享他的思想，工匠贡献他的技艺。谁都有所给予，但是他们给予越多，得到越多，得到越多，他们又能够给予越多。

8. 金融家得到很多，因为他给予很多。他思考，他很少让别人替他思考。他想知道结果如何能得到保障，你必须展示给他看。当你做到这点，他会提供方法，让千万人赢利，当千万人成功时，他也就相应地成功了。摩根、洛克菲勒、卡耐基等并非因为把他人的钱花掉而致富，相反，是因为他们为他人谋利，他们才成为这个星球上最富有的国家中最富有的人。

9. 普通人完全不知如何进行深入的思考，他接受别人的想法，并重复别人的做法，这像极了鹦鹉学舌。形成公众舆论的方法与其大同小异，大多数人都持有这种驯服的态度，他们非常愿意让少数人替他们思考。如此，在许多国家中，少数人专揽大权，使多数人听命于他们。

10. 创造性思考需要专注。专注的力量就是集中，这种力量由意识来掌控，为此，我们必须摈除他念，而只集中思考我们渴望的东西。很多人一直集中思想于悲伤、损失和任何的不和谐，因为思想是创造性的，这种集中必然引向更大的损失、更深的悲伤和更多的不和谐。要不能怎样呢？反之，如果我们遇到的是成功、得到或其他和谐的境况，我们自然会集中思想在这些事情上，因此会创造出更多成功、和谐的境况。所以说，“多者益多”。

11. 对于这种法则的理解如何能够被运用到商业世界中去，我的一个助手做出了很好的解释：

12. “精神，不管它是什么，或不是什么，总是意识之精华、心灵之实质、思想依托之现实。因为一切想法都是意识、心灵或思想活动的阶段，所以精神，只有在精神之中，才能发现最终的真理，真正的东西或想法。”

13. 承认了这一点以后，一个“务实”的人所希望寻求的最“现实”的东西，是不是应该就是对于精神及其展现法则的真正理解呢？假如世上这些“务实”的人领悟到这个真理，他们肯定会“竭尽全力”去获取这种领悟精神存在和法则的知识的途径吧！这些人不是傻子，他们只需要掌握这个根本真理，就可以踏上征途，去到实现一切成就的精髓之地。

14. 让我给你们举一个具体的例子吧！我认识一个芝加哥人，在别人眼里他一直是极端物质化的人。在他的人生当中有过几次成功，也有过几次失败。上次我和他交流时，他彻底“溃败”，与他之前的生意状况相比，好像他确实走到了“人生的终点”，因为他已经走进中年，较之前的岁月，新的想法来得更慢、更少。

15. 大体上他是这么对我说的："我很清楚商业中所有的运作都是思想的结果，就连傻子都知道。但是现在我就是缺乏这些思想和好创意。如果这个万能精神的教理是正确的，对我们个人来讲，和无限精神直接连线是非常有可能的，在无限精神里肯定有各种各样的好创意，能够让像我这样勇敢、有经验的人拿来在商业世界实践，然后取得巨大的成功。我感觉很棒，我要好好研究它。"

16. 这是几年前的事。几天前我又听到了这个人的消息。和一个朋友聊天时，我问："我们的老朋友怎样了？他东山再起了吗？"这个朋友看着我，非常吃惊。"怎么搞的，"他说，"你竟然不知道他取得了巨大成功？他已经是××公司的头号人物了（他提到的这个公司在最近的一年半中反响非同小可，因着广告宣传这个公司已经在国内外闻名遐迩）。他就是那个提供金点子的人。你不知道，他在这短短的一年半中，都赚了五十万了，马上要突破百万大关了。"我并没有联系这个人，但是我确实对这个公司的巨大成功有所耳闻。经过调查，确实如此。所述事实并没有丝毫的夸张。

17. 现在，你作何感想呢？对我来讲，这意味着这个人确实和无限精神"直接连线"了。一经发现，他便使之为其所用。他"把它运用在他的商业中"。

18. 这听起来是不是有点亵渎神灵？我希望不是，而且这并非我本意。不要从"无限"这个词上，牵扯到"人格化的神"，或者说"夸张的人格"。你只要认识到"无限存在的力量"之"精髓"就是"意识"——事实上，归根到底，也就是"精神"。而这个人的成功，也可以看作这种"精神"的体现。在这里，我们要说的正是因为他与自己的创造本源和谐一致，他身上才体现出这种无限的能量的一角，这样说绝没有任何亵渎之意。当我们把精神运用于创造性思维时，每个人大抵都是如此。这个人更进一步，他把这种力量做了非常"实际的”运用。

19. 我没有问过他打算如何实施他的方法，尽管我原本要这么做。但是，他不仅从无限供应中获取了他所需要的创意（这成为他走向成功的萌芽），而且，他运用了思想的创造力，根据自己希望显现的物质形式，为自己建造了一个理想模式，然后在原来的基础上不断加以填补、变化并改进细节——使这个理想模式从一个大概的轮廓走向细节的完美。事实确实如此，我的根据当然不仅仅是凭着回忆几年前的一次对话，而是我发现，在很多卓越的人物身上，这种创造性思想的体现都是如此。

20. 有些人会不相信，借用万能力量能够辅助物质世界，实现我们工作上的创意。但是他们也应该记住，对万能力量哪怕有一丝的对抗，我们就无法如愿以偿。万能力量不是随随便便就赐给我们的。

21.“精神”是相当“实际的”，非常“实际的”，极度“实际的”。精神才是实实在在的东西，是完整的存在，而物质不过是塑胶制品。精神能够对其进行创造、塑造、控制并打造成想象中的式样。精神是这个世界上最“实际的”存在——是唯一真正、完全“实际的”存在。

22. 这周要集中记住这个事实：人，不是装有灵魂的身体，而是附带着身体的灵魂。正因为如此，在任何非灵性的事物上他的欲望都无法得到永恒的满足。因此，除了能够带来我们所渴望的状况之外，金钱是没有任何价值的。而且这些状况还应当是和谐的。和谐的状况能提供充足的需要，所以如果我们感到有任何缺憾，我们就应当记住金钱的实质或灵魂的实质乃是服务。当你的这种思想成形，供应的渠道就会被打开。你就会真正知道原来精神法则是绝对“实际的”存在。

我们发现，对一个目标深思熟虑的想法能够催生这个目标尽早成形，使我们进行任何尝试都有十足的把握。

——弗朗西斯·拉里默·华纳

让你的头脑孕育伟大的思想，相信英雄主义造英雄。

——本杰明·狄斯累里

问答录

成功的第一要义是什么？

服务。

我们如何把服务做到最好？

要保持一个开放的心态，专注于比赛过程本身，而非结果，专注于追求的过程，而非拥有的刹那。

自私思想的结果是什么？

它暗含衰败。

我们如何获得最大的成功？

要认识到这个真理：就是给予和得到同等重要。

为什么金融家频频获胜？

因为他们独立思考。

为什么在每个国家中，大多数人驯服，任由少数人摆布？

因为他们让少数人替他们思考。

专注于悲伤和损失会造成什么影响？

会有更多的悲伤和损失到来。

专注于获得会有什么影响？

会获得更多。

这个法则适用于商业领域吗?

它是人类所用过、所能用的唯一法则，没有第二个法则。它被不自觉地运用的事实并不能改变这个真理。

这个法则的实际运用是什么?

成功是“果”，而非“因”。如果我们要确保这个“果”的实现，我们必须确保这个“因”，或形成这个因的创意或想法。

第二十四课

思想炼金术

导　论

结尾是第二十四课，这门课程的最后一课。

就像我建议的那样，如果你每天都花上几分钟来做每个练习，你就会发现，只需把你渴望的内容注入你的潜意识，你就能从生活中实现你的愿望，而你也就会非常赞同这个课程的一个学生所说的话了：“这个精神太神奇了，如此广阔，如此有效，如此确切，如此合理，如此有用。”

这种知识的果实是，而且一直都是上帝的馈赠。正是这个真理让人得到自由，不只是从缺憾和局限中被解放出来，还从悲伤、忧愁和担心中被解放出来。你不觉得太奇妙了吗？因为这个法则不分你我，不管你的思维习惯如何，不管你的过往，其使用效果竟没有什么不同。

如果你倾向于宗教信仰，那么这个闻名于世的最伟大的灵性导师已经为你铺平了道路，让所有人都能够跟随；如果你的精神偏好于物质科学，这些法则的运行具有数学的精确；如果你喜欢哲学，柏拉图或爱默生可以做你的老师。但不论如何，这种无限的力量，你将触手可及，没有什么可以阻挡得住。

我相信，对于这个法则的领悟，正是古代炼金术士们梦寐以求而不得的奥秘，因为，它揭示了如何使头脑中的黄金化为手中的真金。

本　论

1. 当科学家们首次提出“太阳中心论”，即太阳是太阳系的中心，地球围绕其旋转的时候，引起了极大的震惊和恐慌。整个想法本身都是自相矛盾的，太阳划过天空，谁都能看到夕阳西下，下山入海，这再清楚不过了。学者们愤怒了，科学家们强烈抵制，斥之为荒唐，但是，最终真相还是大白于天下了。

2. 我们称铃铛为“发声体”，但是我们知道所有的铃铛所能做的就是在空气中产生振动。当这些振动的频率为16次每秒时，它们产生的声音我们就可以听到了。我们也可以听到振动频率高达38,000次每秒的声音。当频率超过这个极限时，一切又都归于寂静，所以我们就知道了，声音并不在铃铛里，而是在我们的精神里。

3. 我们都说，而且甚至都认为是太阳在“发光”。但是我们知道它只是在发出能量，而这种能量在太空中所产生的振动频率达400万亿次每秒，这才形成了我们称之为“光波”的东西。所以我们知道我们称之为光的东西只是能量的一种形式。唯一的光就是振动的波在头脑中产生的一种感觉。当频率增加时，光就会变化颜色。颜色的每一次变化都是因为振动更快，间隔更短引起的。所以虽然我们说玫瑰是红色的，草是绿色的，天空是蓝色的，但是我们应知道颜色其实只存在于我们的精神里，那是因为光波的振动而引起的我们所经历的感觉。当振动减至400万亿次每秒时，就不再是光的感觉，而是热了。因此，对于现实世界的认知，我们不能依靠感官，如果我们真的依靠感官的话，我们就应当相信太阳一直在动，世界是平的，不是圆的，星星是无数点的光，而非庞大的太阳了。

4. 任何形而上学体系的理论和实践包括：领悟关于你自身以及你所生存的这个世界的真理。要知道，为表现出和谐，你必须想到和谐；为了表现出健康，你必须想到健康；而为了表现出丰裕，你必须想到丰裕；要想做到这些你要颠覆感官给你的感觉。

5. 当你知道任何形式的疾病、痛苦、缺乏和局限只是错误思维的结果，你会领悟到“让你自由的真理”。你会看到障碍之山被移除。如果这些山只有怀疑、恐惧、不信任或其他形式的沮丧，你要知道这不过是虚幻的存在。这些不只要被移除，还要被“扔到海里”。

6. 你真正的工作其实在于说服你自己相信这些论断的真实。当你真的做到了，你就不难进行正确的思考了。而真理有一个根本的原则，它会自己显现出来。

7. 那些用精神疗法治愈疾病的人已经知晓了这个真理。他们在自己和其他人的日常生活里证明了这点。他们知道生命、健康和丰裕是无所不在的，存在于世间万物。他们也已经知晓那些让疾病或任何缺乏展现于自己身上的人，并没有领悟到这个伟大的真理。

8. 因为所有的情况都是思想创造出来的，因此完全是精神的，疾病和匮乏只是精神状态，这种状况下人无法感知真理的存在，一旦思想的障碍被消除，不良状况也会被消除。

9. 消除这种障碍的方法就是进入静默，领悟真理，因为所有精神都是合一的，你可以为你自己或其他任何人这么做。如果你已经学会了如何形成你想要的状况的精神图像，这会是最简单、最直接的达到目标的方法；如果还没有学会的话，你可以通过论证，来说服自己你的目标是正确的，以此来达成你的目标。

10. 记住，这是最难掌握，也是最美妙的论断——记住不管有什么困难，不管困难来自何方，不管这会影响到谁，对你来说，你唯一需要克服的是你自己，你需要做的只是要说服你自己，你想要的必定会实现。

11. 这是符合现有每一个形而上学体系的精确、科学的论断。一切永恒的结果都是通过这种方法得以实现的。

12. 构建精神图景，自我内心的论辩以及自我暗示都是集中思想的不同形式。这些方法都能够让你领悟真理。

13. 如果你想帮助一个人，消除他的匮乏、局限或谬误，正确的方法是，不去想你要帮助的那个人，只要有帮助他们的意识就够了。它会自动把你和那个人在精神上相连。然后把那些匮乏、局限、疾病、危险、困难或其他任何麻烦都从你自己的精神里消除。一旦你成功地做到了这点，那目标也就达到了，那个人也就自由了。

14. 但是记住思想是有创造力的，因此每次你把你的思想停留在不和谐的状况上，你必须认识到这样的情形只是暂时的，并非真实的存在。精神才是唯一的存在，是永远完美的。

15. 所有的思想都是一种能量，一种振动频率，而真理的思想是我们所知最高频率的振动，因此会破坏任何形式的谬误，就像光划破黑暗一样。当真理显现时，谬误会荡然无存，你所有的精神层面的工作就是去领悟真理。这会帮助你克服任何的匮乏、局限和疾病。

16. 我们无法从外在世界感知真理的存在，外在世界只是相对的，真理才是绝对的。因此我们必须从内在世界里寻找真理。

17. 训练你的精神只看真理，即只显现真实的状况。你这么做的能力大小会表明你进步的多少。

18. 绝对的真理就是“我”是完美的、完全的，真“我”是灵性的，所以永远是完美的，它不会有任何匮乏、局限或疾病。天才的灵感并非出自于大脑的分子运动，它得自于本我。灵性的“我”与宇宙精神合一。是我们认知这种合一的能力造就了所有的灵感，继而造就了天才。这种影响是深远的，甚至会影响到接下来的世世代代。他们就像是火柱，照亮旅途，让千万人跟随。

19. 真理并非逻辑训练，或经过实验，或仔细观察的结果，它是一个高度发展的意识的产物。恺撒的真理意味着他的独裁统治，这体现在他的生活和行为中，也体现在他对社会变革和社会进步的影响中。你的生命和你的行为以及你对世界的影响，都取决于你对真理认知的程度，因为真理不是在信条中体现，而是在行为中体现的。

20. 真理可以体现在性格中。一个人的性格应当是他的信仰的诠释。又或者，他所认为的真理，肯定会在他所拥有的性格中得到证实。如果一个人抱怨他的不幸，他是对自己不诚实，就好像他要否定理性的真理，尽管真理清清楚楚、无可辩驳。

21. 我们的环境以及我们生活中数不清的境况和遭遇，在出现以前都已经存在于我们潜意识当中了。这种潜意识把符合自己性情的精神和物质原材料吸引过来。这样，现在造就未来。如果我们的个人生活中有什么不公的处境或阶段，我们应该从内在找原因，看看是什么样的精神因素带来的这些外在的展现。

22. 正是掌握了这样的真理，才使你“自由”。对这种真理清醒的觉知会让你克服一切困难。

23．你所遇到的外在世界的境况都是内在世界境况的反映。因此在精神上持有完美的图景你就会在你的环境里造就完美的境况，这是非常科学的、精确的。

24．如果你只看不完整、不完美、负面、局限，那么这些境况就会出现在你的生活里。但是如果你训练你的精神，领悟到灵性的本我，那个永远完美、完全、和谐的“我”，在你的生活中展现的就只会是完全、健康的境况了。

25. 因为思想是具有创造性的，真理是我们所能想象的最高、最完美的思想。因此，从真理的角度去思考，必然会有正确的结果。也很显然，当真理展现，谬误必将消失。

26. 宇宙精神是一切精神的会聚。精神就是智慧，精神即心智。精神和心智是同义词。

27. 你需要努力做到的是领悟到精神并非是个体的。它是无所不在的，存在于各个角落。换句话说，就没有地方没有它的影踪。所以，它是遍及宇宙的。

28. 因而，人们普遍用“上帝”这个字眼来表示这个宇宙的、创造性的法则，但是“上帝”并不能传达其真正的意义之所在。大多数人对这个词的理解是自身之外的东西，而事实恰恰相反。它才是我们生命本身，没有它我们就会死去，就会停止存在。当精神离开肉体，我们什么也不是。因此，精神才是我们的全部。

29. 现在，精神所进行的唯一的活动就是思考的力量。因此，思想必须要有创造性，因为精神是有创造性的。这种创造性的力量并非专属于个人。你思考的能力就是你控制它，并利用它为自己、为他人谋福利的能力。

30. 当你认识、理解并接受了这个道理的时候，你就拥有了一把“万能钥匙”。但要记住，只有这样的人才能进入这座精神的宝库，分享其中的一切：他们有足够聪明的才智去领悟真理，有足够开阔的心胸去权衡利弊，有足够坚定的意志去遵循自己的判断，有足够坚强的心去做出必要的牺牲。

31. 这周，要看到我们生活的世界真的非常美好，你也是美丽的众生之一。许多人在觉醒，认识到这个真理。一旦他们觉醒，进入“早就为他们准备好的”真理的殿堂，他们也会领悟到“眼睛未曾看见、耳朵未曾听见、人心也未曾想到的”事情。只有那些身处乐土的人才能感知这些辉煌的存在。他们跨越了判断的河流，抵达了明辨是非的彼岸，并发现：他们从前所希望和梦想的一切，只不过是关于那炫目现实的平淡观念而已。

> 良田豪宅可以传承，而知识和智慧则不能。富人可以花钱让别人为他工作，但想要得出自己的思想，却无法由他人代劳，而且，他也买不来任何种类的自我修养。
>
> ——斯迈尔斯

> 各庙都有其圣像，一直影响着众生。而实际上，人们头脑中的意念、影像，才是永远控制他们的无形力量。世界上的人们屈膝朝拜所追寻的，也正是这种力量。
>
> ——乔纳森·爱德华兹

问答录

任何形而上学体系的理论和实践依据的法则是什么？

领悟关于你自身以及你所生存的这个世界的真理。

有关你自己，“真理”是什么？

真我或本我是精神的，因此永远完美。

消除所有谬误的方法是什么？

关注你希望展现的状况，要说服自己完全相信这个真理。

我们可以为别人如此做吗？

我们行住坐卧其中的宇宙精神是一体、不可分的，因此就像帮助自己一样，我们也可以帮助他人。

什么是宇宙精神？

是现存所有精神的会聚。

宇宙精神在哪里？

宇宙精神无处不在。没有一个地方没有它的影踪。因此它就在我们心中。它是“内在的世界”。它是我们的精神，我们的生命。

万能精神的实质是什么？

它是精神的，因此是有创造性的。它在物质中显示它的存在。

我们如何使用宇宙精神？

我们思考的能力就是我们为了我们自己或他人而使用宇宙精神并把它展现出来的一种能力。

思考意味着什么？

意味着清晰、坚定、冷静、审慎、恒定的思想，还有可以看得见的明确目标。

这样做的结果会是什么？

你也会这样说："不是我在做什么，乃是住在我里面的上帝做他自己的事。"你会知道，这位"上帝"就是宇宙精神，他实实在在地住在你的里面，换句话说，你会领悟到《圣经》中那些美妙的允诺都是事实，而非虚构，任何充分领会其中要义的人都可以证实。